技能型人才培养实用教材

高等职业院校土木工程"十三五"规划教材

工程造价软件应用教程

主　编　侯晓梅

副主编　程代兵　鞠　蓉

　　　　严先辉　李茂尧

主　审　苏登信

西南交通大学出版社

·成　都·

图书在版编目（ＣＩＰ）数据

工程造价软件应用教程 / 侯晓梅主编. —成都：
西南交通大学出版社，2016.2
技能型人才培养实用教材　高等职业院校土木工程
"十三五"规划教材
ISBN 978-7-5643-4360-6

Ⅰ. ①工… Ⅱ. ①侯… Ⅲ. ①建筑工程－工程造价－
应用软件－高等职业教育－教材　Ⅳ. ①TU723.3-39

中国版本图书馆 CIP 数据核字（2015）第 253057 号

技能型人才培养实用教材
高等职业院校土木工程"十三五"规划教材

工程造价软件应用教程

主编　侯晓梅

责任编辑	罗在伟
封面设计	何东琳设计工作室
	西南交通大学出版社
出版发行	（四川省成都市二环路北一段 111 号
	西南交通大学创新大厦 21 楼）
发行部电话	028-87600564　028-87600533
邮政编码	610031
网　址	http://www.xnjdcbs.com
印　刷	四川森林印务有限责任公司
成品尺寸	185 mm × 260 mm
印　张	13.5
字　数	369 千
版　次	2016 年 2 月第 1 版
印　次	2016 年 2 月第 1 次
书　号	ISBN 978-7-5643-4360-6
定　价	35.00 元

前　言

随着 IT 技术在工程造价领域的广泛应用，以计算工程造价为核心的软件近年来发展日趋成熟，并获得广大工程造价从业人员的普遍好评，工程造价类软件应用的方便性、灵活性、快捷性大大提高了造价从业人员的工作效率，创造了非常高的经济价值和社会效益。工程造价类软件主要包括：算量软件、计价软件、投标报价评审软件、合同管理软件、项目管理软件等类型。

本书以阐述工程造价算量软件、计价软件及其应用为核心，结合工程实例着重提升对软件的实际操作技能。在算量软件中主要阐述了清华斯维尔的三维算量 3DA2014 软件，计价软件主要阐述了四川省造价人员普遍使用的宏业清单计价专家软件。清华斯维尔的三维算量 3DA2014 是一套图形化建筑项目工程量计算软件，它利用计算机的"可视化技术"，采用"虚拟施工"的方式对工程项目进行虚拟三维建模，从而生成计算工程量的预算图。经过对图形中各构件进行清单、定额挂接，根据清单、定额的工程量计算规则、标准图集及规范规定，计算机自动进行各类构件的空间分析扣减，从而计算出各构件的工程量；宏业清单计价专家软件是配合《建设工程工程量清单计价规范》(GB 50500—2003、GB 50500—2008、GB 50500—2013)、《四川省建设工程工程量清单计价定额》(2004、2009、2015 版)以及《四川省建设工程计价定额》(1995、2000 版)的颁布实施，专门开发的建设工程计价配套软件。

目前，图书市场上工程造价类图书很多，但工程造价类算量软件、计价软件两者相结合的图书却很少，而众多造价从业人员又迫切需要掌握当今造价行业发展所面临的新技能、新知识，以不断应对工程造价行业对人才的新要求。本书结合当今工程造价行业的主流及行情而编写，细微地讲解了软件的应用、操作技巧等，同时以实例工程为例，进行细致讲解，很适合初入者的学习使用。目前很多大专院校都已经开设了"工程造价软件应用"课程，本书也特别适合作为教材使用，结合本书对工程造价软件的讲解再上课堂实训，做到理论与实际相结合，使学生真正掌握工程造价软件应用的工作技能。

特别感谢四川省宏业建设软件有限公司、深圳斯维尔有限公司在本书写作过程中提供的极大帮助。

由于编者水平有限，时间仓促，不妥之处在所难免，衷心希望广大读者批评指正。

编　者
2015 年 11 月

目　录

项目1　工程造价软件基本操作 ·· 1

1.1　启动"斯维尔三维算量 3DA2014"软件 ·· 1

1.2　退出"斯维尔三维算量 3DA2014"软件 ·· 1

1.3　新建工程 ·· 1

1.4　打开工程 ·· 2

1.5　保存工程 ·· 3

1.6　另存工程 ·· 3

1.7　恢复楼层 ·· 4

1.8　工程设置 ·· 5

1.9　设立密码 ·· 11

1.10　主界面介绍 ·· 11

1.11　定义编号 ·· 12

项目2　构件工程量绘制 ·· 17

2.1　绘制轴网 ·· 17

2.2　土　方 ··· 20

2.3　基　础 ··· 27

2.4　柱体布置 ·· 42

2.5　梁体布置 ·· 53

2.6　墙　体 ··· 62

2.7　板体布置 ·· 67

2.8　楼　梯 ··· 74

2.9　门窗洞 ··· 77

2.10　装　饰 ·· 82

2.11　其他构件 ·· 92

项目3　构件识别 ··· 105

3.1　导入设计图 ·· 105

3.2　分解设计图 ·· 106

3.3　字块处理 ·· 106

3.4　缩放图纸 ·· 106

3.5 清空底图 ·· 107

3.6 图层控制 ·· 107

3.7 识别轴网 ·· 108

3.8 识别独基 ·· 109

3.9 识别条基基础梁 ·· 110

3.10 识别桩基 ·· 112

3.11 识别柱、暗柱 ··· 113

3.12 识别砼墙 ·· 114

3.13 识别梁体 ·· 115

3.14 识别构造柱 ··· 116

3.15 识别砌体墙 ··· 116

3.16 识别门窗 ·· 117

3.17 识别等高线 ··· 118

3.18 识别内外 ·· 118

3.19 识别钢筋 ·· 119

项目4 工程报表 ··· 124

4.1 图形检查 ·· 124

4.2 计算汇总 ·· 125

4.3 统 计 ·· 127

4.4 报 表 ·· 128

4.5 漏项检查 ·· 133

4.6 数量检查 ·· 134

4.7 查 量 ·· 135

4.8 查看工程量 ·· 136

4.9 核对单筋 ·· 138

项目5 宏业清单计价专家 ··· 139

5.1 新建工程 ·· 139

5.2 工程项目设置 ··· 140

5.3 单项工程建立 ··· 143

5.4 单位工程建立 ··· 144

5.5 计价表结构 ·· 146

5.6 计价表数据规则 ·· 149

5.7 分部分项清单套用项目及定额 ······································· 149

5.8 工程量录入 ·· 154

5.9 项目、定额内容修改 ·· 154

5.10 项目及定额运算 ·· 156

5.11 材料换算 ·· 160

5.12 材料价格录入 ·· 165

5.13 项目、定额排序处理 ······································ 170

5.14 计价表标记功能 ·· 172

5.15 清单组价内容复用 ·· 173

5.16 措施项目清单 ·· 174

5.17 其他项清单/零星人工单价清单 ····························· 176

5.18 签证及索赔项目清单 ······································ 179

5.19 招标人材料购置费清单 ···································· 179

5.20 需随机抽取评审的材料清单及价格表 ························ 180

5.21 规费清单 ·· 181

5.22 综合单价计算模板及单价分析模板定义 ······················ 181

5.23 综合单价计算 ·· 187

5.24 综合单价分析 ·· 189

5.25 工料机汇总表 ·· 190

5.26 费用汇总表 ·· 194

5.27 三材汇总表 ·· 196

5.28 需评审清单设置 ·· 197

5.29 清单综合单价横向对比 ···································· 198

5.30 工程结算 ·· 198

5.31 报表输出 ·· 199

参考文献 ·· 207

项目1　工程造价软件基本操作

1.1　启动"斯维尔三维算量3DA2014"软件

启动"斯维尔三维算量 3DA2014"软件有两种方式：一是用鼠标左键单击计算机屏幕左下角的"开始"菜单，单击"所有程序"→"斯维尔软件"→"斯维尔三维算量 3DA2014"；二是双击计算机桌面上"斯维尔三维算量 3DA2014"快捷图标，如图 1-1 所示。需要注意的是，"斯维尔三维算量 3DA2014"软件是以 AutoCAD 为平台运行，所以用户计算机中应先安装 AutoCAD 的任意一个版本。

图 1-1　"斯维尔三维算量 3DA2014"快捷图标

1.2　退出"斯维尔三维算量3DA2014"软件

完成工作后，退出"斯维尔三维算量 3DA2014"只需要执行"文件"→"退出"命令即可。若执行"退出"命令之前没有保存当前工程文件，系统将弹出如图 1-2 所示的对话框，提示用户是否保存当前的工程文件。

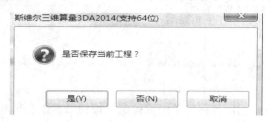

图 1-2

若需要对工程进行保存，单击"是"按钮；若不需要对工程进行保存，单击"否"按钮；单击"取消"按钮，不退出当前正在编辑的工程项目，也不退出三维算量软件。

也可直接单击界面右上角的"关闭"按钮，退出"斯维尔三维算量 3DA2014"。

1.3　新建工程

功能说明：创建一个新的工程。

菜单位置：【文件】→【新建工程】。

命令代号：tnew。

操作说明：本命令用于创建新的工程。如果当前工程已经作过修改，程序会先询问是否保存当前工程，如图 1-3 所示。

图 1-3

当单击"是"或"否"按钮后，弹出"新建工程"对话框，如图 1-4 所示，要求输入新建工程名称。

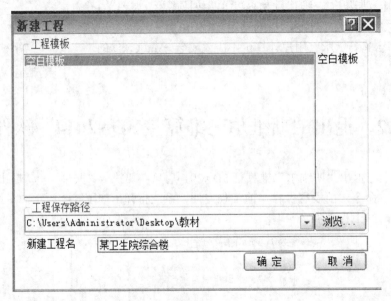

图 1-4

在文件名栏中输入新建工程名称，单击"确定"按钮，新工程即建立成功。

1.4 打开工程

功能说明：打开已有的工程。

菜单位置：【文件】→【打开工程】。

命令代号：topen。

操作说明：和新建工程操作一样，如果当前工程已经作过修改，程序会询问是否保存原有工程。当点击"是"或"否"按钮后，弹出"打开工程"对话框，如图 1-5 所示。

图 1-5

1.5　保存工程

功能说明：保存当前工程。

菜单位置：【文件】→【保存工程】。

命令代号：tsave。

本命令用于保存当前工程。

1.6　另存工程

功能说明：将当前工程另外保存一份。

菜单位置：【工程】→【另存为】。

命令代号：tsaveas。

执行命令后，弹出如图 1-6 所示的"另存工程为"对话框，单击"保存"按钮，当前工程就被保存为另一个工程文件。

图 1-6

1.7 恢复楼层

功能说明：当计算机因为突然停电或者意外操作死机，可以用恢复工程命令来恢复最近自动保存过的楼层图形文件。

菜单位置：【文件】→【恢复楼层】。

命令代号：hflc。

操作说明：执行命令后，弹出如图 1-7 所示的"打开工程"对话框。

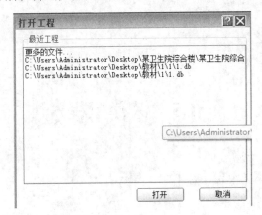

图 1-7

点击"打开工程"中欲恢复的最近工程文件，弹出"恢复工程"对话框，如图 1-8 所示。

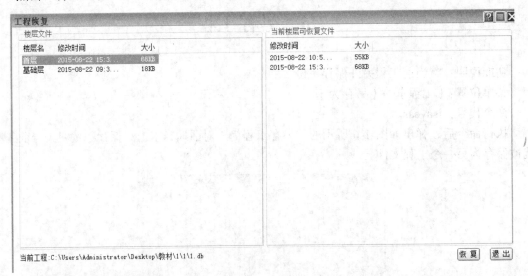

图 1-8

选择需要恢复的楼层名称，点击"确定"按钮或双击楼层名称，即可成功恢复该楼层最近自动保存过的图形文件。关于自动保存的设置，请参照"工具"→"系统选项"。如果找不到自动备份文件，右边可选文件就是空的。

注意事项：如果要恢复某个楼层名称的图形文件，请确认当前不能正在打开此楼层。

1.8 工程设置

功能说明：设置所做工程的一些基本信息。

菜单位置：【工具菜单】→【工程设置】。

命令代号：gcsz。

执行命令后，弹出"工程设置"对话框，共有 6 个项目页面，单击"上一步"或"下一步"按钮，或直接单击左边选项栏中的项目名称，就可以在各页面之间进行切换。

1.8.1 计量模式页面

首先是"计量模式"的设置，如图 1-9 所示。在"工程名称"栏内录入工程名称。在"计算依据"栏内选择清单模式与定额模式，其中"定额模式"是指按定额子目与定额计算规则输出构件工程量，可以给构件挂接相应的定额子目；"清单模式"是指按工程量清单项目与计算规则输出构件工程量，可以给构件挂接相应的清单项目；在"算量选项"栏内用户可以自定义一些算量设置，一般工程选择软件默认设置即可。

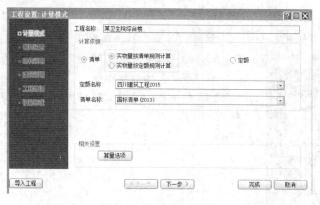

图 1-9 计量模式页面

也可通过"导入工程设置"进行设置，如图 1-10 所示。"导入工程设置"主要用于导入一个其他工程的数据，包括计算规则、工程量输出设置、钢筋选项和算量选项等数据。

图 1-10 "导入工程设置"对话框

单击"选择工程"栏后的"……"按钮，弹出"打开工程"对话框，在对话框中选取已有工程的"*.mdb"数据库文件，在导入设置中勾选要导入的内容，单击"确定"按钮，即可将源工程中的设置导入当前工程。

注意事项：

（1）导入工程时，不可选择本工程来导入。

（2）导入工程之前最好先设置好计算依据。如果源工程和本工程计算依据不同，系统按本工程设置的计算依据为准。

（3）导入结构说明时要注意，源工程结构说明中设置的楼层名称和本工程的楼层名称可能不同，在导入后需要调整结构说明中的楼层设置。

（4）导入工程功能使用后将覆盖原有的设置，因此，建议用户在新建工程时使用此功能。

温馨提示：在三维算量各对话框中，有些文字提示是蓝色的，说明栏中的内容为必须注明内容，否则会影响工程量计算。

计量模式设置完成后，单击"下一步"按钮，进入下一个设置页面。

1.8.2　楼层设置页面

点击"下一步"进入"楼层设置页面"，如图 1-11 所示。在楼层设置中主要可设置有关构件的高度数据信息，例如柱、墙、梁等。系统默认有"基础层"和"首层"。

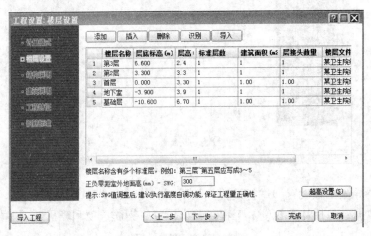

图 1-11　楼层设置页面

"基础层"的层高设置较为特殊，软件默认以首层底标高作为基准，基础层只需设置层高即可，软件会自动向下推算基础层层底标高。

软件中基础层的层高均为包含基础垫层的高度，垫层高度软件会根据设置的垫层厚度而自动计算。

"首层"是软件的系统层，不能被删除，也不能修改名称。一般情况下，可以把"首层"作为一层，首层的层底标高取决于其他楼层的层底标高。

选中首层，单击"添加"按钮或键盘上的向上键，依次向上添加楼层。

"添加"按钮：指在当前选中栏上插入一个楼层。

"插入"按钮：指在当前选中栏下插入一个楼层。

"删除"按钮：可删除栏中当前选中楼层。

"识别"按钮：用于识别电子图内的楼层表。

"导入"按钮：用于导入其他工程的楼层设置，方便用户进行楼层设置。

"正负零距室外地面高"为蓝色字体标注，是必填项目。此值用于控制挖基础土方的深度。若将基础坑槽的挖土深度设置为"同室外地坪"，则坑槽的挖土深度就是取本处设置的室外地坪高度到基础垫层底面的深度。

当柱、梁、墙、板的支模高度超过标准时，需要进行"超高设置"，单击"超高设置"，弹出如图 1-12 所示的对话框。

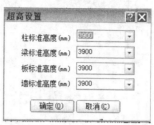

图 1-12　"超高设置"对话框

温馨提示：当楼层栏中当前选中行为首行时，可以通过键盘的向上键（↑）迅速在最前面插入一行；当选中行为最后一行时，可以通过键盘的向下键（↓）迅速添加最后一行。向上键（↑）不能在首层行使用。

楼层设置完成后进入下一个页面"结构说明"页面。

1.8.3　结构说明页面

结构说明页面用于设置整个工程的混凝土材料等级、保护层设置、抗震等级、结构类型等，在设置"结构说明"之前，必须先设置好楼层。

结构说明分"混凝土材料设置""抗震等级设置""保护层设置"以及"结构类型设置"4个子页面（见图 1-13），分别设置针对整个工程的各类构件的混凝土材料及强度等级、钢筋保护层、抗震等级、结构类型等。

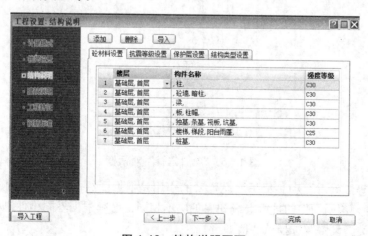

图 1-13　结构说明页面

（1）"混凝土材料设置"，本设置页面包含楼层、构件名称、材料名称以及对应强度等级和搅拌制作方式的选取，其中楼层、构件名称是必选项目，材料名称可不选，若材料名称没有可选项，则强度等级需要指定。

楼层选择：单击楼层单元格后的"▾"，弹出如图 1-14 所示的"楼层选择"对话框。在楼层名前面的"□"内打"√"来选取楼层，单击对话框底部的"全选、全清、反选"按钮，可以一次性将所有楼层进行全选、全清、反选操作，选择完毕，单击"确定"按钮即可。

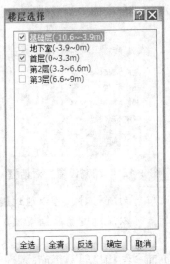

图 1-14 "楼层选择"对话框

构件名称：单击构件名称单元格后的"▾"，弹出如图 1-15 所示的"构件选择"对话框，操作方法同"楼层选择"。

图 1-15 "构件选择"对话框

（2）"抗震等级设置"和"保护层设置"的作用是根据图纸信息，对混凝土的抗震等级和保护层进行设置。不同构件的抗震等级和保护层不相同，必须根据不同构件进行设置。

（3）"结构类型设置"选择默认值即可。

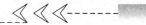

温馨提示：

（1）设置结构总说明时可以打开结构总说明电子图，找到有关材料、抗震等级、浇捣方法等进行对应设置。

（2）结构说明内设置的内容，在定义构件编号时系统将自动提取。如果在定义构件编号时修改了这些内容，则以修改的内容为准。

"结构说明"设置完成后，单击"下一步"进入"建筑说明"。

1.8.4 建筑说明页面

建筑说明页面包含"砌体材料设置""侧壁基层设置"2个子页面，分别设置针对整个工程的各类构件的砌体材料、非混凝土墙材料，如图1-16所示。

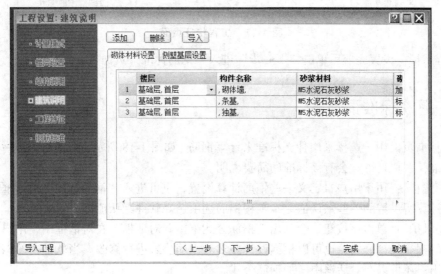

图1-16

"建筑说明"设置完成后，单击"下一步"进入"工程特征"设置。

1.8.5 工程特征页面

工程特征页面包含了工程的一些全局特征的设置。填写栏中的内容可以从下拉选择列表中选择，也可直接填写合适的值。在这些属性中，蓝色标识的属性值为必填内容。其中，地下室水位深会影响挖土方中的挖湿土体积的计算。其他蓝色属性用于生成清单的项目特征，作为清单归并统计的条件。栏目顶上的"工程概况、计算定义、土方定义"用于翻页。工程概况包含建筑面积、结构特征、楼层数量等内容。工程概况设置基本不影响工程量的计算，故可以省略不予设置。"计算定义"包含梁的计算方式、是否计算墙面铺挂防裂钢丝网等选项。"土方定义"包含土方类别、土方开挖的方式、运土距离等内容。在对应的设置栏内将内容设置或指定好之后，系统将按这些设置进行相应项目工程量的计算。设置完成后的工程特征页面如图1-17所示。

工程造价软件应用教程

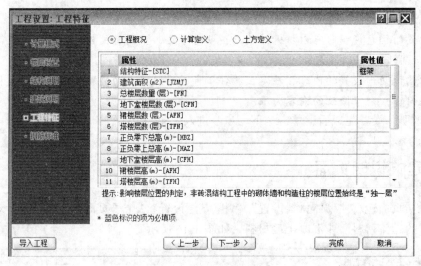

图 1-17　工程特征页面

"工程特征"设置完成后单击"下一步"进入"钢筋标准"页面。

1.8.6　钢筋标准页面

钢筋标准页面用于选择采用什么标准来计算钢筋。如图 1-18 所示,在钢筋标准栏内选择某种钢筋标准,在栏目下方会有该标准的简要说明。

"钢筋选项":用于用户自定义一些钢筋计算设置,也可进入"钢筋选项"对话框,查看软件对钢筋计算所设置的一些默认值。本工程钢筋选项选择软件默认值即可。

"钢筋维护":单击该按钮,会弹出"钢筋公式维护"对话框,在对话框中,用户可以查看软件默认的钢筋计算公式,也可以根据设计要求对钢筋公式进行修改。当软件内的钢筋公式不够用时,用户还可以在对话框中增加钢筋公式。

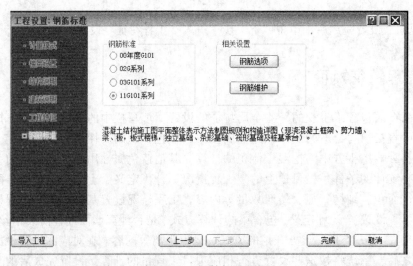

图 1-18　钢筋标准页面

1.9 设立密码

功能说明：给当前工程设置密码，适用于多人共用的计算机。

菜单位置：【文件】→【设立密码】。

命令代号：slmm。

执行命令后，弹出"设立密码"对话框，如图 1-19 所示。

如果原有工程已经设有密码，要更改密码时，需在旧密码栏内填上原密码，在新密码编辑框中输入新密码，单击"确认"后，工程密码就设定了。下次打开该工程时，就会要求输入新的密码，如图 1-20 所示。

图 1-19 设立密码对话框

图 1-20 登录工程对话框

只有密码输入正确，才允许打开该工程。

1.10 主界面介绍

当进入"斯维尔三维算量 3DA2014"软件后，首先出现的是"斯维尔三维算量 3DA2014"软件主界面，如图 1-21 所示。

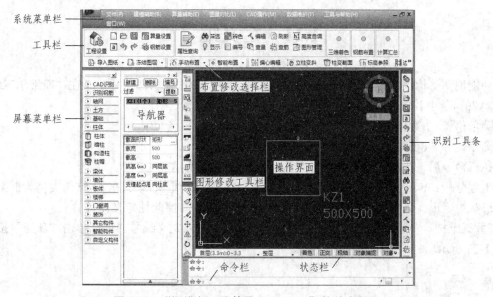

图 1-21 "斯维尔三维算量 3DA2014"软件主界面

"斯维尔三维算量 3DA2014"主界面与 AutoCAD 应用程序几乎一模一样。主界面菜单包括系统菜单栏、工具栏、布置修改栏、屏幕菜单栏、导航器、图形修改工具栏、操作界面、识别工具条、状态栏 9 部分。

（1）系统菜单栏：位于主界面的上方，其位置是固定的。菜单名称按功能类别命名，整个"斯维尔三维算量 3DA2014"系统的所有功能都在系统菜单中，并按功能类别归类。

（2）工具栏：作为常用的菜单入口，为选取方便，采用 Ribbon 风格。按工程设置、查看图形、钢筋布置与修改、查询与编辑、计算报表与查量五大类分别分组，每一组第一个命令采用 32×32 的大图标来分隔各组。

（3）屏幕菜单栏：除了 CAD 识别、钢筋识别以外，其他均为构件菜单。其分别按轴网、基础、柱、梁、墙、板、零星构件等类型分成 14 大类。比如梁体、暗梁、过梁、圈梁被分成一类，与习惯相符，查找构件菜单更为方便。

（4）导航器：在编号上新增了右键命令，包括选择构件（同编号所有构件）、定义编号、查找文字（快速查找底图中的编号以及快速布置）、定位构件（逐个定位当前编号的构件）4 个命令。

（5）布置修改栏：由通用或常用的 2～3 个命令和布置方式、相关编辑辅助命令和钢筋命令由左往右排布，一定程度上遵循建模的操作流程（布置→修改→钢筋）。此外，还将一些不常用的布置方式隐藏在下拉菜单中，这样，整个布置工具条简洁、美观，增强了其易用性。

（6）图形修改工具条：快捷工具条主要用于帮助用户快速调用菜单，由用户自行决定调用哪种工具条。

（7）状态栏：状态开关区集合楼层切换、按钮、正交、极轴、对象捕捉、对象追踪、组合开关、底图开关、轴网上锁、轴网捕捉等快捷命令开关，提高了操作效率。

（8）命令栏：为 CAD 自带的快捷命令输入区，同时也是功能状态和操作提示区。

（9）操作界面区：为绘图建模区、图形显示区。其不仅显示直观、逼真，更可支持多视口操作与观察。

1.11 定义编号

功能说明：构件编号的定义、删除、修改以及挂接做法。构件编号定义在"斯维尔三维算量 3DA2014"中各构件内都有操作。

菜单位置：【数据维护】→【编号管理】。

命令代号：dybh。

执行命令后，弹出"定义编号"对话框，如图 1-22 所示。

工程分析：本工程构件种类繁多，本书以 KZ1 为例进行定义编号。KZ1 结构类型为框架柱，截面形状为矩形，截面尺寸 350 mm×350 mm，其他构件参照此柱定义即可。

"数据维护"→"编号管理"→"结构"→"柱"进入定义编号界面，单击"新建"按钮，如图 1-23 所示。

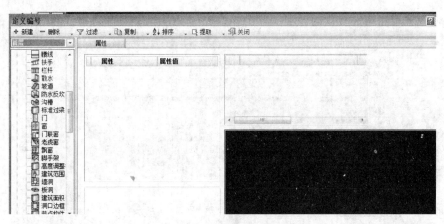

图 1-22 "定义编号"对话框

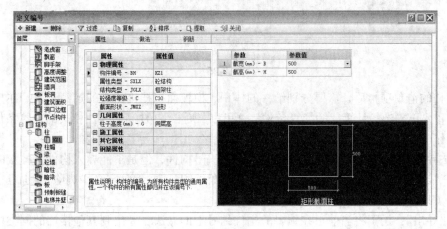

图 1-23

单击"属性"按钮，根据图纸信息修改 KZ1 属性，如图 1-24 所示。

属性	属性值
□ **物理属性**	
构件编号 - BH	KZ1
属性类型 - SXLX	砼结构
结构类型 - JGLX	框架柱
砼强度等级 - C	C30
截面形状 - JMXZ	矩形
□ **几何属性**	
柱子高度(mm) - G	同层高
□ **施工属性**	
模板类型 - MBLX	钢模板
浇捣方法 - JDFF	非泵送
搅拌制作 - JBZZ	现场搅拌机
□ **其它属性**	
自定属性1 - DEF1	
自定属性2 - DEF2	
自定属性3 - DEF3	
备注 - PS	
□ **钢筋属性**	
抗震等级 - KZDJ	2
保护层厚度 - BFCHD	默认
锚固长度 - La	La
搭接长度 - Ll	Ll
上加密范围(mm) - LJ	按规范
下加密范围(mm) - LX	按规范

图 1-24

属性修改完成，构件挂接的做法：单击"做法"按钮，根据图纸信息修改做法，如图 1-25 所示。

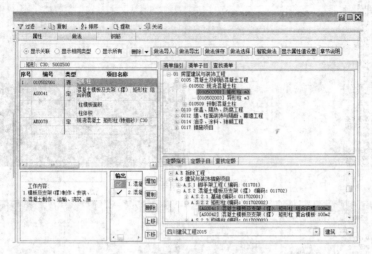

图 1-25

挂接柱的清单项目后，需要分别给柱的体积、模板面积挂接相应的定额子目。在挂接柱模板定额时，要正确选择计算式的换算条件，这里以"周长""柱高"为柱模板的换算条件。在进行做法操作时，要注意做法的其他几个操作方式。

"做法导入"：用于导入挂了做法的其他同类编号构件，但是不能导入构件上挂接的做法。"斯维尔三维算量 3DA2014"既可在编号上挂接做法（只能在编号定义中删除），也可在构件上挂接做法（只能在构件编辑中删除）。

"做法导出"：用于将当前正在编辑的构件编号上的做法，导出到其他楼层的同类构件上。

"做法保存"：将当前定义的做法保存起来以备再次使用。单击"做法保存"按钮，在"做法名称"栏内指定一个名称，再在"做法描述"栏内填写该做法的步骤（也可不填写），单击"确定"，即可保存当前编号的做法。

"做法选择"：用于将做法保存内的定额条目挂接到当前正在编辑的构件编号上。

"做法项目栏"：用户对当前构件编号挂接的做法都在本栏中显示，如图 1-26 所示。在该栏目内还可以对已挂接的清单、定额、构件的工程量计算式和换算信息进行编辑。

序号	编号	类型	项目名称	单位	工程量计算式		定额换算	指定换算
1	010502001	清	矩形柱	m3	V	...		
	AS0041	定	混凝土模板及支架（撑）矩形柱 组合钢模	100m2	S	...	Hm:>3.9,4.9,5.9,6.9,7.9,;	
			柱模板面积					
			柱体积					
	AE0078	定	现浇混凝土 矩形柱（特细砂）C30	10m3	V	...	C:=C;	

图 1-26 做法项目栏

可以对挂接的清单、定额条目进行修改，包括定额名称、工程量表达式、指定换算等。在选中的工程量项目内每挂接一条清单或定额时，软件默认的是对应的工程量计算式与基本换算，如柱子的体积，默认的表达式为"V"。如果认为该表达式不能满足要求，可在"工程量计算式"栏内修改计算式。

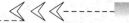

单击"工程量计算式"单元格内的"..."按钮（见图 1-27），在弹出的"特征变量/计算式"对话框（见图 1-28）中编辑公式。

图 1-27 工程量表达式单元格

图 1-28 计算式与换算编辑对话框

"定额、清单条目选择栏"：用于清单条目、定额条目的显示和选择。本栏目显示的内容会因用户选择的"出量模式"不同而有所不同，清单模式如图 1-29 所示。

图 1-29

做法挂接完成后,需要定义构件的钢筋信息,通过分析施工图纸,本工程钢筋信息如图 1-30
所示。

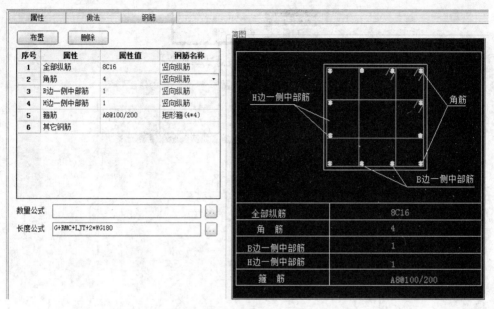

图 1-30

项目2 构件工程量绘制

2.1 绘制轴网

2.1.1 绘制直线轴网

功能说明：绘制直线轴网。

菜单位置：【轴网】→【新建轴网】。

命令代号：hzzw。

本命令用于创建直线轴网和圆弧轴网，其中直线轴网包括正交轴网与斜交轴网。

执行该命令后弹出如图 2-1 所示的"绘制轴网"对话框。

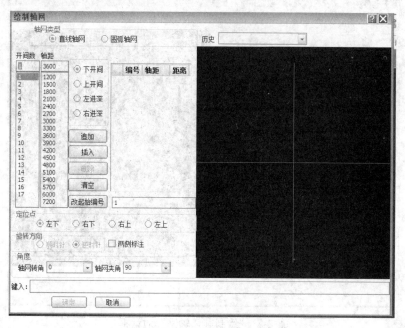

图 2-1 "绘制轴网"对话框

选中"直线轴网"可以绘制一个直线轴网。在"开间数"中输入数值，可以输入几个相同轴距的数量。在"轴距"中可以输入一个数值，也可以用光标从常用值中选择。选中"下开间"，则输入下开间数据；选中"上开间"，则输入上开间数据；选中"左进深"，则输入左进深数据；选中"右进深"则输入右进深数据。其中右边框的编号指轴号信息，轴距是开间距或进深距，距离是轴线离第一根轴线的距离。

可以在这里修改轴距，也可以通过"改起始编号"来修改第一根轴线的编号，同时其他轴

线会自动排序。

"定位点"是指定轴网的定位点位置。软件以定位点为基点将轴网放置到图上。

下方的"旋转方向"指轴网的旋转方向，只作用于圆弧轴网。"角度"指轴网转角设置直线轴网的转角；轴网夹角设置轴线之间的夹角，用于绘制斜交轴网。

温馨提示：选择输入左进深或右进深数据时，开间数将变成进深数。

"历史"：用户所定义的轴网，会以历史的方式保存在用户数据库中。单击栏目后面的"▼"下拉按钮，做过的轴网图层名称会在栏目中显示出来，选择一个名称，其定义的数据会再次显示在对话框中，用户可以对所有数据进行修改后再进行布置。

2.1.2　绘制圆弧轴网

功能说明：绘制圆弧轴网。

菜单位置：【轴网】→【新建轴网】。

命令代号：hzzw。

本命令用于创建圆弧轴网。执行该命令后，弹出如图 2-2 所示的"绘制圆弧轴网"对话框。

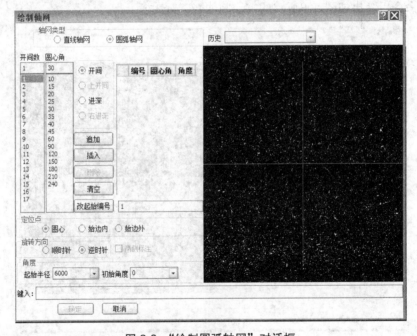

图 2-2　"绘制圆弧轴网"对话框

选中"圆心角"，从而确定相邻轴线间的夹角。然后在"起始半径"中输入最小圆弧轴网的半径，可以直接输入数值，也可以在常用选项中选择。最后确定"初始角度"，即圆弧轴网的初始旋转角。

在输入过程中，可用"追加"按钮在轴网数据栏中增加一条数据；可以用"插入"按钮在轴网数据栏已有数据行的前面插入一条数据；也可用"删除"按钮删除轴网数据栏被选中的数据；还可用"清空"按钮清空轴网数据栏中所有数据；而"键入"按钮则用来编辑轴网，修改以后，按【Enter】键或切换焦点，更新轴网数据。

【案例 2-1】　新建一直线轴网，此直线轴网的轴距分别如下表所示。

上开间、下开间	1 800，1 800，3 500，3 600，3 600，3 600，3 600，3 500
左进深、右进深	1 200，2 400，2 400，1 500，3 100

　　首先启动软件→新建工程，新建工程后，选择"轴网"→"新建轴网"，选择"下开间"。因为前两个开间轴距相同，所以在开间数中单击数字 2，在轴距中单击数字 1 800，接着在轴距中输入 3 500，然后在开间数中单击数字 4，在轴距中单击数字 3 600，最后在轴距中输入 3 500，则下开间绘制完成。

　　以同样的方式选择"左进深"，重复类似操作，输入进深数据。

　　输入完所有数据后，选中下方的"两侧标注"，单击"确定"按钮，在屏幕上选择任意点插入轴网即可。

　　如图 2-3 所示，软件中所绘制轴网的轴号与图纸的轴号不相同，这时需要单击"布置修改选择栏"中的"修改轴网"，选择要修改的轴网，弹出如图 2-4 所示的对话框。

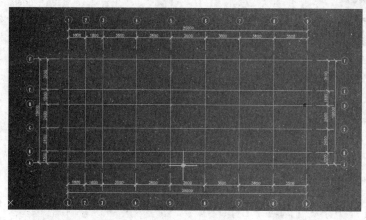

图 2-3

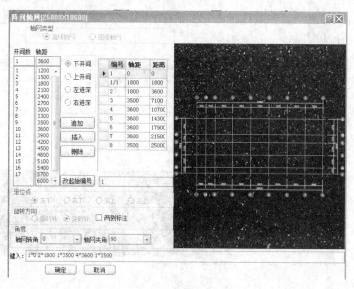

图 2-4

在轴号栏中输入相应轴号，再单击"确定"按钮，即轴网绘制完成，如图 2-5 所示。

图 2-5

温馨提示：绘制轴网时，系统会将当前绘制的轴网信息存储下来，编号会放到历史信息库中，今后调用历史信息即可直接生成相应轴网。同时，在建立轴网时需要看清楚轴号，在建立轴号时输入正确轴号，可以避免烦琐的修改过程。

2.2　土　方

2.2.1　基坑土方

菜单位置：【土方】→【基坑土方】。

命令代号：jktf。

执行该命令后，弹出"新建基坑土方"对话框，单击"新建"按钮，新建一个大基坑，单击鼠标右键可定义此基坑属性，如图 2-6 所示。

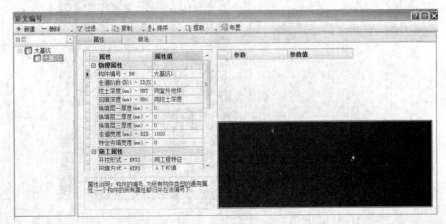

图 2-6

根据图纸信息输入构件编号，挖土深度选择同室外地坪，输入回填深度，确定土方的放坡系数。其他属性可根据图纸信息更改，若不更改选择默认值即可。定义完成基坑后，单击"布置"按钮。基坑"布置方式选择栏"如图 2-7 所示。

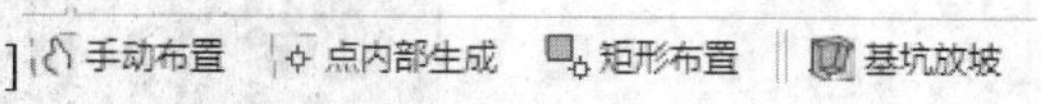

]⌾手动布置　⊹点内部生成　⊿矩形布置　▥基坑放坡

图 2-7

1. 手动布置

执行"手动布置"，命令栏提示："手动布置<退出>或[点内部生成（J）/矩形布置（O）]"。

在界面中基坑的起点处，用光标点击第一点，之后命令栏又提示："请输入下一点<退出>或[圆弧上点（A）/半径（R）/平行（P）]:"，如果是直线边沿，直接将光标移至下一点单击；如果是弧形边沿，则光标点击命令栏"圆弧（A）"按钮或在命令栏内输入字母"A"按 Enter 键，这时命令提示"请输入弧线上的点"，光标移至圆弧的中点，点击之后，命令栏再次提示"请输入弧线上的端点"，光标移至弧线的端点单击，一段弧线即绘制成功。接着绘制轮廓线，按上述方法直至将轮廓线绘制封闭，单击鼠标右键，基坑即绘制成功。

2. 点内部生成

执行"智能布置"，命令栏提示："智能布置<退出>或/[手动布置（D）/实体外围（E）/实体内部（N）/矩形布置（O）]"。根据命令栏提示点取封闭区域的内部，就会在这个区域生成板。如果区域不封闭，则会有小的误差。

3. 矩形布置

执行"矩形布置"，命令栏提示："矩形布置<退出>或[手动布置（D）/实体外围（E）/智能布置（J）/实体内部（N）]"。根据命令栏提示，光标框选界面中需要布置筏板区域，之后在这矩形区域生成筏板。

根据需要选择相应的"布置"方式，将基坑土方布置到软件中，结果如图 2-8 所示。

图 2-8

布置完成后，可以选中构件，然后单击鼠标右键，选择"核对构件"查看构件工程量，如图 2-9 所示。

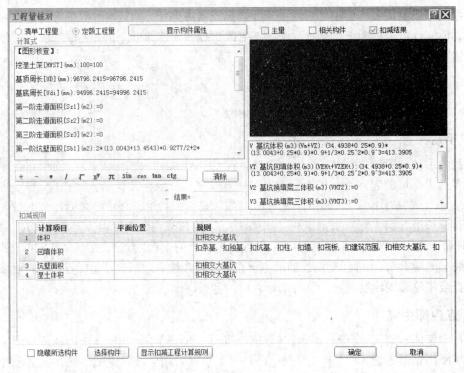

图 2-9

通过上述操作就可完成"基坑土方"的绘制。

2.2.2 网格土方

功能说明：实现网格土方，用于大型场地土方开挖和回填的计算。

菜单位置：【土方】→【网格土方】。

工具图标：【】。

命令代号：WGBZ。

执行该命令后，命令栏提示："选择已经画好的多义线或场区："，同时光标变为"口"字形，提示用户到界面中选取插入的电子图或用多义线手工绘制网格土方的轮廓边界闭线。

温馨提示：做网格土方计算，先在 CAD 界面中用多段线将需要计算的网格土方轮廓或场区绘制出来，并且应是封闭的轮廓或场区。

根据命令栏提示，在界面中光标选取边界封闭的多义线，这时命令栏又提示："输入方格网边长 X（m）:<10>:"，根据提示在命令栏内输入"X"方向的网格间距，如输入数值"5"，再回车，命令栏又提示："输入方格网边长 Y（m）:<5>:"，命令栏输入"Y"方向的网格间距，如果"Y"方向的间距同"X"方向的一样时，可直接回车。命令栏又提示："在网格边线或内部选择一点作为划分起点:"，将光标置于需要画线的网格线的起点。命令档又提示："请输入方格倾角或[与指定线平行（L）]<0>"，输入倾角后，这时系统就会以点击的位置作原点向倾角方向将网格线按设置的间距布置上，同时每个单元格内对应的位置，则生成了角点编号和方格编号，如图 2-10 所示。

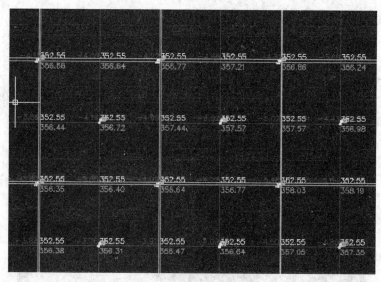

图 2-10　方格网布置图

　　网格区域设置完成，执行"网点设高"命令，执行后，光标会变为十字形，命令栏提示："[指定要修改自然标高的点/切换到指定设计标高（S）/自动采集（A）/表格录入（B）]"。光标选择要修改标高的点后，这时有一个红色圆圈定位显示在方格网上所选择的点，之后会出现提示："输入自然标高（m）:"，输入自然标高，即可完成对该点的设高。

　　也可选取其他修改标高的方法：

　　（1）自然采集：选择这个方法时，必须先布置等高线，软件会根据等高线自行算出每一点的自然标高。

　　（2）表格录入：框选需要设高的网点，光标点的提示为："第一角点"，光标框选单元网格的第一个点位，拖动鼠标，框选方格网，则会跳出表格录入对话框，如图 2-11 所示。

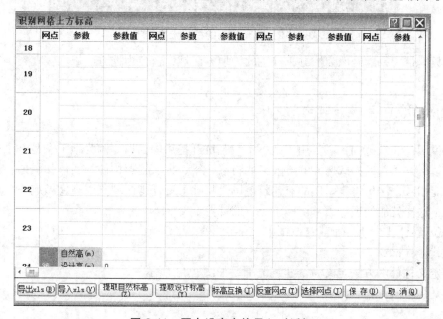

图 2-11　网点设高表格录入对话框

输入各点的标高值，点击确认，就可以完成对网点的设高。

温馨提示：在进行网点设高时，选择界面上的修改一个保存一个时，每修改一个网点的值都会马上保存下来；当选择确定保存时，这时只有点击确认才会一起保存。

（3）切换到指定设计标高：这是会切换到对点进行设计标高设置。

点击按钮"切换到指定设计标高（S）"或输入 S，按回车键，会出现命令栏提示："[指定要修改设计标高的点/切换到指定自然标高（S）/表格录入（B）]"。

对网点设置设计标高参考设置自然标高。

对一个网格土方设置自然标高和设计标高后，结果如图 2-12 所示。

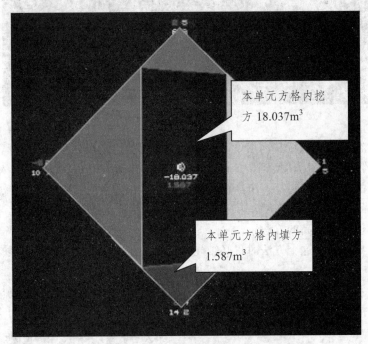

图 2-12　单元格内的挖填土方结果

图中数据带 "—" 号的为挖方，红色的为填方区域，蓝色为挖方区域。

2.2.3　建筑范围

功能说明：建筑范围，主要用于地下室大基坑开挖后的回填。因为地下室是一个空间体，大基坑回填土方用普通扣减构件的方式只能将墙、梁、板、柱等构件的实体扣减掉，而地下室的空间不能扣减，结果将是错误的。建筑范围是将地下室外围区域乘以高度做成一个总体积再进行扣减，这样就能处理好大基坑回填土方的计算。

菜单位置：【土方】→【建筑范围】。

命令代号：jzfw。

按照定义构件的方法定义一个建筑范围，如图 2-13 所示。

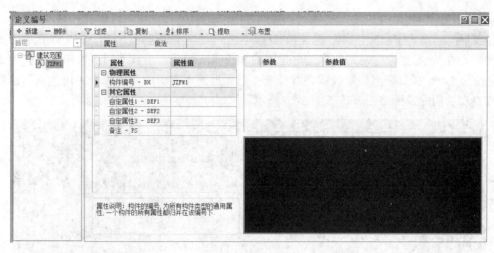

图 2-13

定义完成后，单击"布置"，弹出"建筑范围布置方式"选择栏，如图 2-14 所示。

| 手动布置 | 实体外围 | 智能布置 | 实体内部 | 选线布置 | 矩形布置 | 调整夹点 |

图 2-14

（1）手动布置同基坑土方。

（2）实体外围。执行"手动布置"，命令栏提示："选实体外侧布置<退出>或 [手动布置（D）/智能布置（J）/实体内部（N）/矩形布置（O）]"。根据命令栏提示，在界面中绘制多段线来选中多段线包围的实体，程序会计算出这些实体组成的最大外边界来生成建筑范围。

（3）矩形布置。执行"矩形布置"，命令栏提示："矩形布置<退出>或 [手动布置（D）/实体外围（E）/智能布置（J）/实体内部（N）]"。根据命令栏提示，光标框选界面中需要布置的建筑区域，然后在这矩形区域生成建筑范围。

【案例 2-2】　一方格网土方如图 2-15 所示，其中网格边长 5 m，计算其土方工程量。

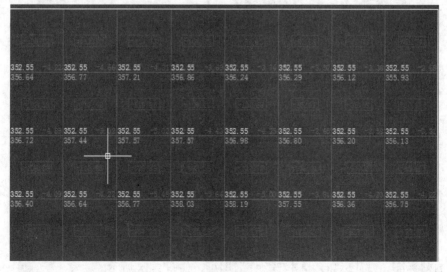

图 2-15

启动软件，新建工程，进入主界面，将此方格图复制到软件中，可以通过导入图纸，也可以直接复制、粘贴（注：只有当两者的 CAD 版本一致时，才能进行复制、粘贴）。点击"土方"→"网格土方"，根据命令提示选取边界封闭的多段线或场域，再输入网格边长 X 方向为 5 m，Y 方向也为 5 m，接着在网格边线或内部任选一点，再输入方格的倾角（若无角度则不输入），则软件自动绘制完成网格土方，如图 2-16 所示。

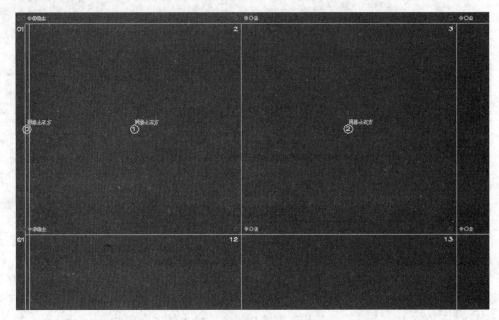

图 2-16

在"布置修改栏"点击"表格标高"，如图 2-17 所示。

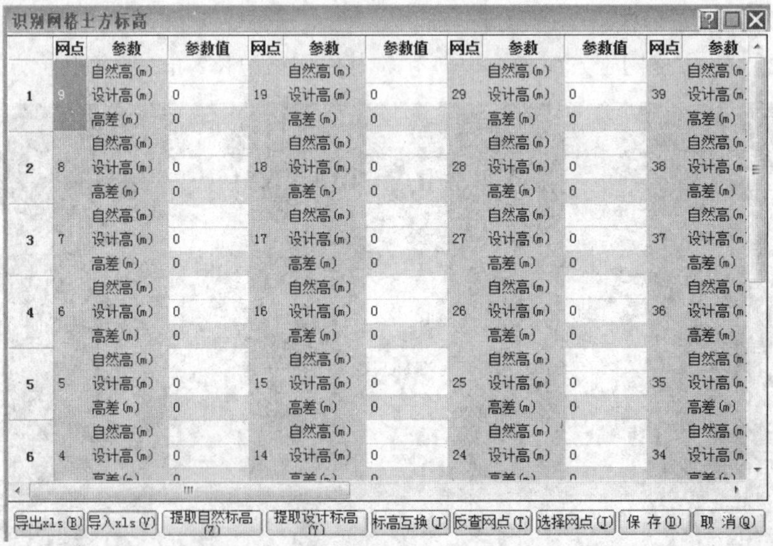

识别网格土方标高

	网点	参数	参数值	网点	参数	参数值	网点	参数	参数值	网点	参数
1	9	自然高(m)		19	自然高(m)		29	自然高(m)		39	自然高(m)
		设计高(m)	0		设计高(m)	0		设计高(m)	0		设计高(m)
		高差(m)	0		高差(m)	0		高差(m)	0		高差(m)
2	8	自然高(m)		18	自然高(m)		28	自然高(m)		38	自然高(m)
		设计高(m)	0		设计高(m)	0		设计高(m)	0		设计高(m)
		高差(m)	0		高差(m)	0		高差(m)	0		高差(m)
3	7	自然高(m)		17	自然高(m)		27	自然高(m)		37	自然高(m)
		设计高(m)	0		设计高(m)	0		设计高(m)	0		设计高(m)
		高差(m)	0		高差(m)	0		高差(m)	0		高差(m)
4	6	自然高(m)		16	自然高(m)		26	自然高(m)		36	自然高(m)
		设计高(m)	0		设计高(m)	0		设计高(m)	0		设计高(m)
		高差(m)	0		高差(m)	0		高差(m)	0		高差(m)
5	5	自然高(m)		15	自然高(m)		25	自然高(m)		35	自然高(m)
		设计高(m)	0		设计高(m)	0		设计高(m)	0		设计高(m)
		高差(m)			高差(m)			高差(m)			高差(m)
6	4	自然高(m)		14	自然高(m)		24	自然高(m)		34	自然高(m)
		设计高(m)	0		设计高(m)	0		设计高(m)	0		设计高(m)

导出xls(B)　导入xls(Y)　提取自然标高(Z)　提取设计标高(Y)　标高互换(T)　反查网点(T)　选择网点(U)　保存(B)　取消(Q)

图 2-17

提取自然标高和设计标高，单击"保存"即可，如图 2-18 所示。

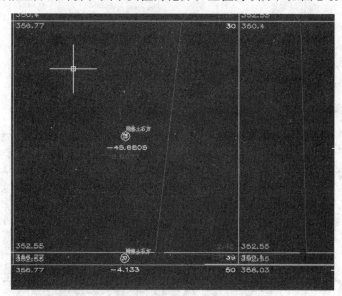

图 2-18

这样就完成网格土方的计算，其中负值为挖方，正值为填方，如图 2-19 所示。

图 2-19

2.3 基 础

2.3.1 独基承台

功能说明：布置独立基础。

菜单位置：【基础】→【独基承台】。

命令代号：djbz。

执行命令后，弹出导航器，选中新建构件，单击鼠标右键，选取"定义编号"对话框，定义独基承台编号。每个基础编号下都会关联垫层、砖模与坑槽的定义，若工程的基础不采用砖模，可将砖模节点删除；选中"砖模"后，单击工具栏的"删除"按钮即可。其他类型模板的工程量，例如木模板，已经包含在独基的属性中，无需单独定义，如图 2-20 所示。

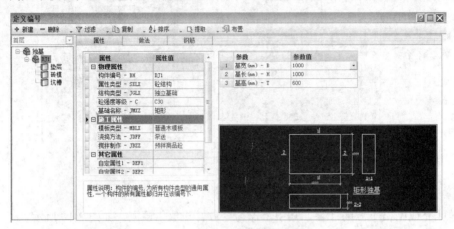

图 2-20

新建好编号后，接着进行属性定义。首先构件编号按照图纸选定，然后在"基础名称"中选择基础形状，在示意窗口中可以选择基础形状（见图 2-21），参照示意图与施工图内的基础详图，填写各种尺寸参数值。

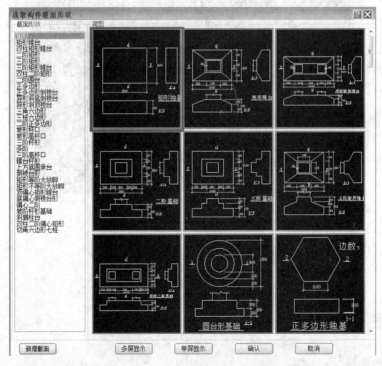

图 2-21

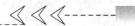

查看施工属性，其中"混凝土强度等级""浇筑方法""搅拌制作"是从工程设置的结构说明中自动获取属性值。编号中凡是用蓝色文字显示的属性都是公共属性，可以在其父级节点上设置，子节点自动继承这些属性值。钢筋属性也是如此，保护层厚度、环境类别、锚固长度与搭接长度等设置项都是公共属性，可以在独基节点中设置。设置好后，所用基础编号的属性都会继承这些公共属性的设置。

定义好独基的属性后，点击"做法"按钮，切换到做法页面，如图 2-22 所示。

图 2-22

在下方的"清单项目"页面中可以查看相应的清单章节，这里要给混凝土独立基础挂接清单，先找到"混凝土及钢筋工程"章节下的"混凝土基础"节点，在右边的清单列表中便会列出该节点下所有清单项目，在"010501003 独立基础"项目编号上双击鼠标左键，该条清单项目就挂接到独基的做法下，此时清单编码仍然是 9 位编码，经过工程分析后，软件会根据构件的项目特征自动给出清单编码的后 3 位编码。清单的"工程量计算式"由软件自动给出，如果需要编辑计算式，可以点击单元格中的下拉按钮，进入计算式编辑框中编辑（见图 2-23），其中蓝色显示的变量是组合式变量，即包含了扣减关系的变量。

图 2-23

软件默认的计算式，即组合式里的混凝土独基体积 V，这个计算式是正确的，不要修改。

"项目特征"：用于设置当前清单子目的项目特征，软件以清单项目特征为条件归并统计清单工程量。

当特征变量是从计算式中选择的属性变量时，归并条件必须有值，否则软件无法取到属性变量值；当特征变量是手工输入的特征描述时，归并条件必须为空，否则软件将认为该特征描述为某一变量，当从构件属性中取不到变量时，该特征就无法显示了。

挂接完清单后，需要为相应的清单内容挂接定额。将光标定位到独立基础编号上，然后单击右下角"定额子目"按钮，在下方查询窗口选择相应定额。

挂接完做法后定义独立基础钢筋。单击独立基础"钢筋"，可以在定义构件的同时定义钢筋信息，这样就可以在布置构件时不用单独布置钢筋，软件直接布置带钢筋的独立基础。同样，这里也可以不定义，在独立基础布置完毕后，再选中独立基础，单击右键→"钢筋布置"，以此来定义独立基础钢筋。

根据图纸内容录入钢筋信息即可。

在定义完独立基础的属性后，还需定义垫层和坑槽。点击编号树中的"垫层"节点，修改相应"垫层"信息。

基础土方均用坑槽来进行计算。在坑槽的属性中，其"工作面宽""放坡系数"是根据"挖土深度"和土方类别进行自动判定的，这里主要用于挖土深度的取定。此次的挖土深度、回填深度、放坡系数等均可自定义数值。

至此，独立基础的属性已定义完毕。定义完所有独立基础后，单击"布置"按钮，依据基础平面布置图将独立基础布置到轴线相应的位置上。独基"布置方式选择栏"如图 2-24 所示。

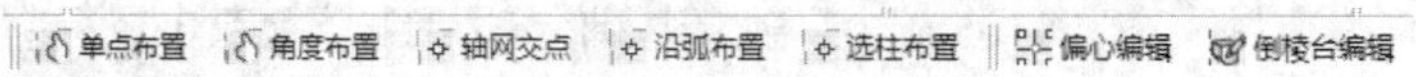

图 2-24 独基布置方式选择栏

1. 单点布置

执行此命令后，命令行提示："[单击布置<退出>或[角度布置（J）/轴网交点（K）/沿弧布置（Y）/选柱布置（S）]"。

也可单击命令行上按钮，或输入对应的字母，这时在光标上可以看到生成了一个定义的独基图形，图形的式样与定义的独基形状一样。对于垂直高度定位不一样的独基，可以在"属性列表栏内"的"顶标高、底标高"单元格内分别输入定位标高值。如果平面定位点与布置的插入点有偏移，可在"构件布置定位方式"栏的"X"或"Y"方向偏移栏内输入偏移值；有角度的，可在"转角"栏内输入转角值。如果没有具体尺寸和角度供输入，可点击栏目后面的"提取"按钮，在界面中根据命令栏提示量取。对于定位点的确定，当选择构件的"端点"为定位点时，可以点击栏目后面的"⟫⟫""下一处"按钮，来确定端点是构件的哪个角点；当点击"下一处"按钮时，可在"定位简图"栏内看到定位点的移动情况。

定位点和高度位置都设置好后，在界面上找到需要布置独基的插入点，可以通过 CAD 的捕捉功能"🧲"设定所需要的定位方式，单击鼠标就会在选定位置布上独基。

2. 角度布置

执行命令后，命令行提示："角度布置<退出>或[单点布置（D）]/[轴网交点（K）]/[沿弧布置（Y）]/[选柱布置（S）]"。

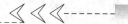

角度布置最好将独基的"定位点"设为"端点",在界面上找到布置独基的第一点,点击鼠标,这时命令栏提示"请输入角度:";同时界面上从点击的第一点处与光标有一根随着光标移动旋转的白色线条,俗称"橡筋线"。在命令栏内输入对应第一点的角度或移动光标使橡筋线与需要布置的角度线重合,再次单击,一个按角度布置的独基就布置上了。

3. 框选轴网交点

由命令界面切换到框选布置方式,命令行提示:"选轴网交点布置<退出>或/[点布置(D)]/[角度布置(J)]/[沿弧布置(Y)]/[选柱布置(S)]"。

在界面中框选需要布置独基范围的轴网,框选到的轴网交点处就会布置上独基。

4. 沿弧布置

执行"沿弧布置"命令,命令栏提示:"输入圆心点<退出>或 [点布置(D)/角度布置(J)/框选轴网交点(K)/选柱布置(S)]"。

从界面上选择一点作圆心,命令栏再提示:"请输入布置点:",在界面上选择布置点,点击,则独基绘制完成,且独基的旋转方向是按照圆心来旋转的。

5. 选柱布置

选柱布置的前提是要界面上有柱子构件。执行命令后,命令栏提示:"选柱布置<退出>或[点布置(D)/角度布置(J)/框选轴网交点(K)/沿弧布置(Y)]"。

根据命令栏提示,在界面上点选或框选柱子构件,右击后,有柱子的位置就生成了独基。

对于矩形锥台独立基础,无论对称与否,在图集中已明确给出柱边与坡边线的平台宽50 mm,各边坡形平面尺寸即柱边到独基边距离为 50 mm。在实际工程中已得以应用,软件亦能做到智能布置,其操作方式为:

在矩形锥台独立基础定义编号界面,在"参数设置"的"柱截宽"定义栏,点击下拉按钮,选择"同柱尺寸"设置,如图 2-25 所示。

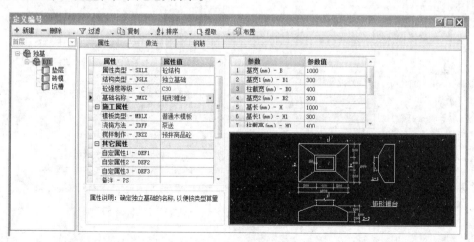

图 2-25

定义完成后,单击"布置"按钮,弹出"选柱布置"对话框,根据工程情况选择要布置独基的柱,选柱后单击右键确认,独基布置完成,如图 2-26 所示。

 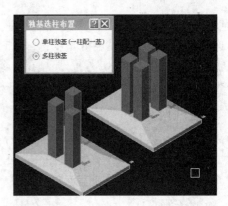

图 2-26

布置完成后可以选中某个独立基础，点击右键，选择"核对构件"查看相关工程量，如图 2-27 所示。

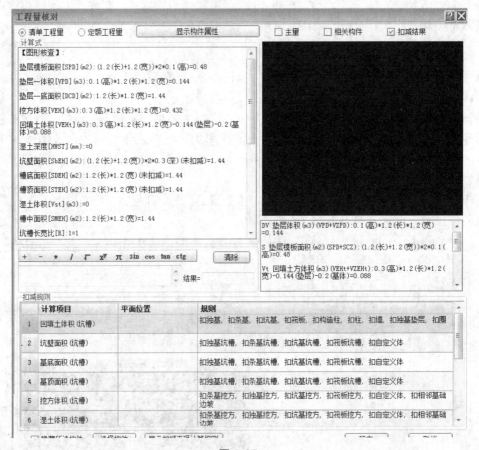

图 2-27

温馨提示：

（1）软件的绝对高度是指离正负零平面的高度，相对高度是指离当前楼地面的高度。基础的顶标高和底标高都是针对绝对高度，其他构件的底高度和顶高度都是按相对高度取值。

（2）正交轴网独基缺省布置是不旋转的。

32

（3）其他构件的布置方式同独基。

（4）如果用户在布置操作以前没有定义构件编号，应先进入构件编号定义界面，定义构件的一些相关内容，如构件的材料、类型及尺寸等。定义好构件编号后退出，即可看到布置对话框。

（5）定义构件编号也可以用快速建立编号的方法定义构件编号。

（6）独基布置也可以点击屏幕菜单上的"基础"→"独基布置"进行独基布置。

2.3.2　条基、基础梁布置

功能说明：绘制条形基础。

菜单位置：【基础】→【条形基础】。

命令代号：tjbz。

新建条基，修改条形基础名称，同时修改右侧构件的相关参数、基底宽、基底高。也可在右下角有条基构件示意图上直接修改参数。在"属性类型"中选择相应结构类型，在属性栏选取相应属性。若工程无砖模，则删除条基下面的砖模子目，其余的垫层、坑槽设置同独基设置，如图 2-28 所示。

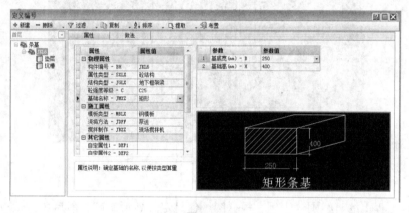

图 2-28

定义完成后，单击"布置"，条基"布置方式选择栏"如图 2-29 所示。

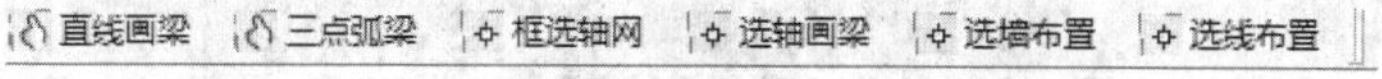

图 2-29

1. 框选轴网

执行"框选轴网"布置，命令栏提示："框选轴网<退出>或[手动布置（E）/点选轴线（D）/选墙布置（N）/选线布置（Y）]"。这时光标呈动态的选择状态，拖动光标，在界面框选需要布置条基的轴网，再次点击鼠标，被选中的轴网线上就会布置上条基。

2. 选墙布置

执行"选线布置"，命令栏提示："选墙布置<退出>或[手动布置（E）/框选轴网（K）/点选轴线（D）/选线布置（Y）]"。用光标选取面上的墙体，就会在墙的底部生成条基。

3. 选线布置

执行"选线布置",命令栏提示:"请选直线,圆弧,圆,多义线<退出>或[手动布置(E)/框选轴网(K)/点选轴网(D)/选墙布置(N)]",用光标选取界面上的线条,就会生成条基,如图 2-30 所示。

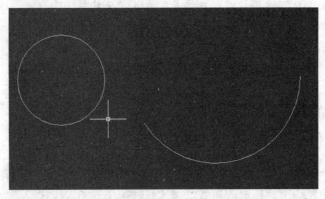

（a）圆、圆弧

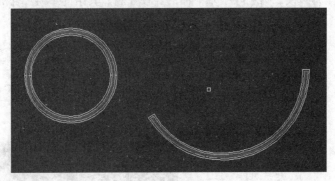

（b）由上图中圆、圆弧来生成条基

图 2-30

本案例以工程上的直线画梁为例,根据图纸信息定义条形基础,然后单击"布置"按钮,回到主界面后单击"直线画梁",在轴线中选择起点终点即可,如图 2-31 所示。

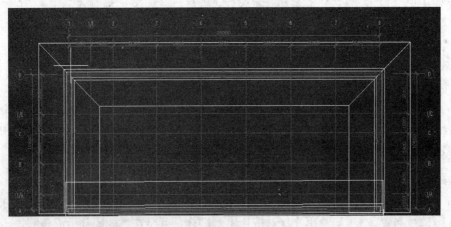

图 2-31

根据同样的方法完成其他条形基础的绘制。

温馨提示：软件只允许生成条基，若梁和圈梁以及构造柱等构件编号相同，而截面尺寸不同，可以通过截面修改来改变截面尺寸。

操作技巧：对于定位点有"上边、下边"选项的条形构件，在界面中布置构件时，只要没有点击鼠标，这时按【Tab】键会切换正在布置构件的定位位置，每按一次则切换一个定位边，方便快速定位。

2.3.3　筏板布置

功能说明：绘制筏板基础。

菜单位置：【基础】→【筏板基础】。

命令代号：fbbz。

执行该命令后，定义筏板基础，根据图纸信息完成筏板基础定义，单击"布置"按钮。筏板的"布置方式选择栏"如图 2-32 所示。

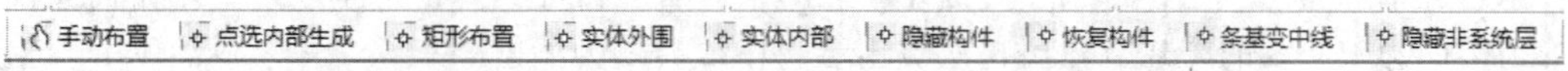

| 手动布置 | 点选内部生成 | 矩形布置 | 实体外围 | 实体内部 | 隐藏构件 | 恢复构件 | 条基变中线 | 隐藏非系统层 |

图 2-32　筏板布置方式选择栏

1. 手动布置

执行"手动布置"，命令栏提示："手动布置<退出>或[点选内部生成（J）/矩形布置（O）/实体外围（E）/实体内部（N）]"。在界面中筏板的起点处，用光标点击第一点，之后命令栏又提示："请输入下一点或[圆弧（A）/平行（P）]"，如果是直线边沿，直接将光标移至下一点单击；如果是弧形边沿，则光标点击命令栏"圆弧"按钮或在命令栏内输入字母"A"按【Enter】键，这时命令提示"请输入弧线上的点"，光标移至圆弧的中点点击，之后，命令栏再次提示"请输入弧线的端点"，光标移至弧线的端点单击，一段弧线就绘制完毕。接着再绘制轮廓线，按上述方法直至将轮廓绘制封闭，右击，一块筏板就绘制成功了。

2. 实体外围

执行"手动布置"，命令栏提示："选实体外侧布置<退出>或[手动布置（D）/智能布置（J）/实体内部（N）/矩形布置（O）]"。根据命令栏提示，在界面中绘制多段线来选中多段线包围的实体，程序会计算出这些实体组成的最大外边界来生成筏板。

3. 点内部生成

执行"智能布置"，命令栏提示："智能布置<退出>或[手动布置（D）/实体外围（E）/实体内部（N）矩形布置（O）]"。根据命令栏提示，点取封闭区域的内部，就会在这个区域生成板。如果区域不封闭，有小的误差，可通过调整对话框上误差设置来达到封闭的效果。

4. 实体内部

执行"实体内部"，命令栏提示："选实体内侧布置<退出>或[手动布置（D）/实体外围（E）智能布置（J）/矩形布置（O）]"，根据命令栏提示，光标框选界面中需要布置筏板的构件封闭的区域，之后在封闭区域的内部生成筏板。

5. 矩形布置

执行"矩形布置"，命令栏提示："矩形布置<退出>或[手动布置（D）/实体外围（E）/智能布置（J）/实体内部（N）]"，根据命令栏提示，光标框选界面中需要布置筏板区域，之后在这矩形区域生成筏板。

6. 隐藏构件

执行"隐藏构件"，命令栏提示："选择构件来隐藏!"，此时需要按照当前正在操作的内容进行按钮单击操作，如果当前没有进行布置操作，应单击按钮两次，一次表示进入布置操作，第二次才表示执行"隐藏构件"命令。根据命令栏提示，光标在界面中选择需要隐藏的构件，可框选也可单选，之后，右击就将选中的构件隐藏了。

7. 恢复构件

将隐藏的构件恢复显示在界面上。

8. 梁墙变中线/线变墙梁

执行"梁墙变中线/中线变梁"：将界面上的梁墙条形构件变为一根单线条，用于需要筏板布置到构件的中心线的方式，之后再次点击会将中线转变为墙梁。

9. 隐藏非系统图层

执行"隐藏非系统图层"，命令栏无提示，直接将界面中用 CAD 功能绘制的图形进行隐藏，作用是在使用"智能布置"功能时，用这些图形线条作边界。

2.3.4 坑基布置

功能说明：绘制坑基。
菜单位置：【基础】→【坑基】。
命令代号：kjbz。
执行命令后定义坑基，根据图纸信息完成坑基定义后，单击"布置"按钮，坑基"布置方式选择栏"如图 2-33 所示。

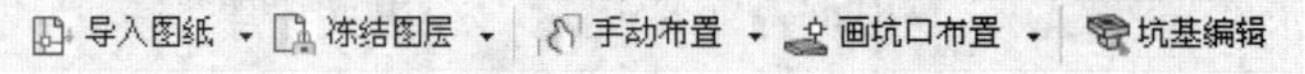

图 2-33

"手动布置"："单点布置"和"角度布置"同独基相关说明。

"画坑口布坑基"：执行"画坑口布坑基"，命令栏提示："请输入坑基多义线起始点"，在界面中筏板的起点处，光标点击第一点，之后命令栏又提示："Specify next point or [Arc/Halfwidth/Length/Undo/Width]"，如果是直线边沿，直接将光标移至下一点点击，如果是弧形边沿，则光标点击命令栏"Arc"按钮或在命令栏内输入"A"字母再回车，这时命令提示："[Angle/Center/Direction/Halfwidth/Line/Radius/Second Pt /Undo/Width]"。

选对画弧线的方式后，将光标移至下一点点击，一段弧线就绘制成功了，之后命令栏再次提示："[Angle/Center/Direction/Halfwidth/Line/Radius/Second Pt /Undo/Width]"。

接着再绘制轮廓线，按上述方法直至将轮廓绘制封闭，右击，画坑口布坑基的多义线就布

置成功了。如果在此多义线上没有筏板，则会给出提示："找不到与此多义线平齐的筏板，无法进一步执行。"

如果已有筏板，则会弹出如图 2-34 所示的对话框。

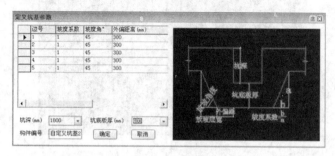

图 2-34　画坑口布坑基输入参数栏

输入各个参数，就会自动生成自定义坑基了。

"坑基编辑"：对已经定义好的坑基进行参数的修改和编辑。

2.3.5　桩基布置

功能说明：绘制桩基。

菜单位置：【基础】→【桩基】。

命令代号：zjhz。

执行命令后，定义桩基础，如图 2-35 所示。

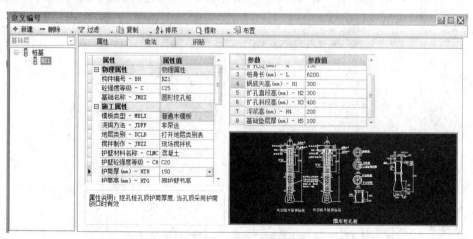

图 2-35

在设置过程中主要是对桩类型的选取和参数的设置，设置完成后单击"布置"，桩基"布置方式选择栏"如图 2-36 所示。

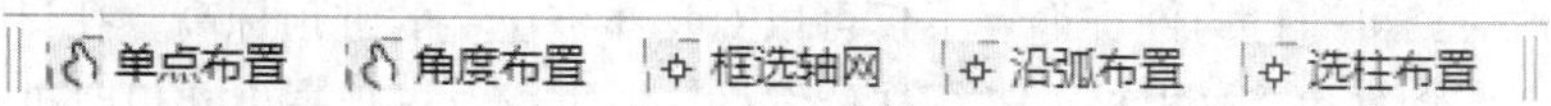

图 2-36

选取单点布置，直接点选需要布置的点；也可拉框选择轴网布置，布置完成如图 2-37 所示。

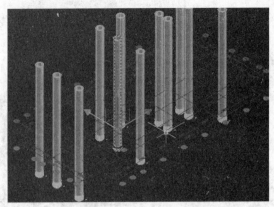

图 2-37 桩基布置完成

温馨提示： 在实际过程中，不同桩长范围所处的地层设置情况可能不同，所以在设置时应该考虑地层情况。

单击施工属性项下"地层类别"属性中的下拉按钮，弹出如图 2-38 所示的"地层类别表"，可对同编号挖孔桩成孔所遇层以及各地层是否需要护壁进行布置。同编号不同桩位挖孔桩，因桩顶标高、孔口标高或持力岩深不同而影响孔深，导各个桩上实际地层的层名、层厚及是否护壁情况再通过构件查询编辑。孔口标高、孔深与桩顶标高一样，都属于布置确定的构件属性；而地层类别是编号和布置都能确定的构件属性。把地层类别放在编号上定义，可让用户在做预算时按相对统一的地层类预估成孔挖凿量；而以布置确定或修改确定后的孔口标高、孔深以及地层类别设置计算的才是最终成孔挖凿量。软件的同编号原则同样适用挖孔桩，只要面形状、尺寸相同，配筋也相同，就可按设计桩号进行编号定义，不同桩位的地层、护壁计算区别由桩位号管理，不需要另起构件编号。

图 2-38

桩布置就位后，可通过构件查询。不仅可以对具体桩位上的桩顶标高、孔口标高、孔深、桩长等进行核查、修改和在每根桩上进行柱位编号，还可以对桩顶高出孔口时桩身段采用何种支护方式、孔顶是否采用锁口要进行选择，特别是可进行针对具体桩位的地层、护壁设置。

【案例 2-3】 一根人工挖孔桩如图 2-39、图 2-40 所示，桩径为 800 mm，桩长为 6 200 mm，桩心混凝土为 C20，试计算桩基础工程量。

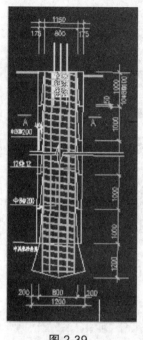

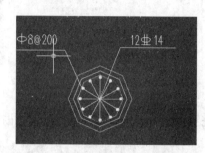

图 2-39　　　　　　　　　　　　　　　图 2-40

　　启动软件，新建工程，进入操作界面，选择"基础"→"桩基础"定义桩基础编号，构件编号录入 ZJ1，混凝土强度选择 C25，基础名称选择"圆形挖矿桩"，如图 2-41 所示。

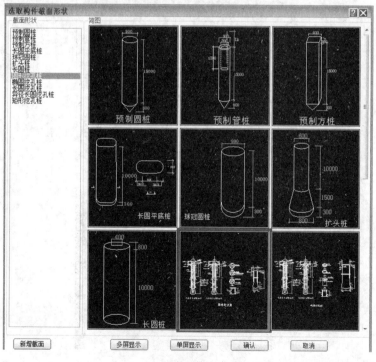

图 2-41

浇筑方法选择"非泵送"，浇制方法选择"现在搅拌"，其他属性选择默认值即可，按图录入桩的参数，如图 2-42 所示。

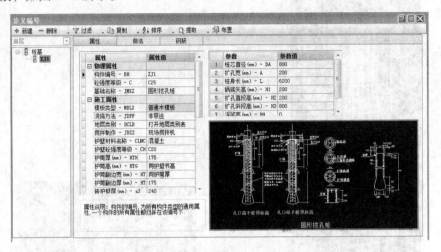

图 2-42

定义完属性后，单击"做法"，进行桩挂接做法，如图 2-43 所示。

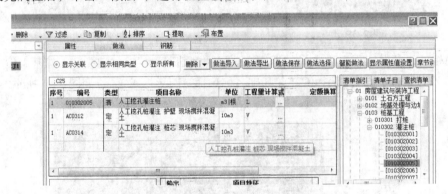

图 2-43

做法挂接好后，单击"钢筋"，录入桩的钢筋信息，如图 2-44 所示。

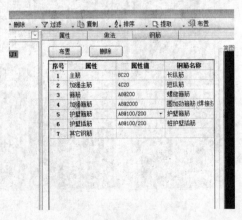

图 2-44

定义完编号后,点击"布置"→"单点"布置,即可完成桩的绘制,如图 2-45 所示。

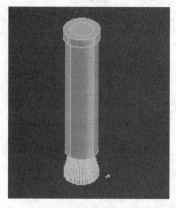

图 2-45

选中构件,点击鼠标右键核对构件,查看桩工程量,如图 2-46 所示。

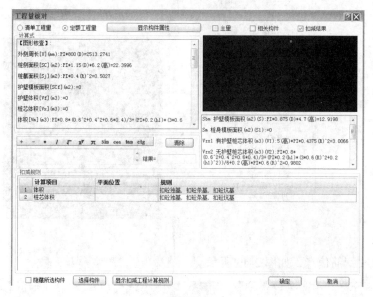

图 2-46

选中构件,点击鼠标右键核对单筋,查看桩钢筋工程量,如图 2-47 所示。

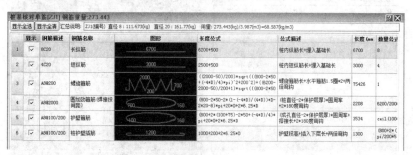

图 2-47

通过以上操作即可完成桩工程量的计算。

2.4 柱体布置

2.4.1 柱体布置

功能说明：柱体布置。

菜单位置：【柱体】→【柱体】。

命令代号：ztbz。

执行该命令后，根据图纸信息定义柱体属性，如图 2-48 所示。

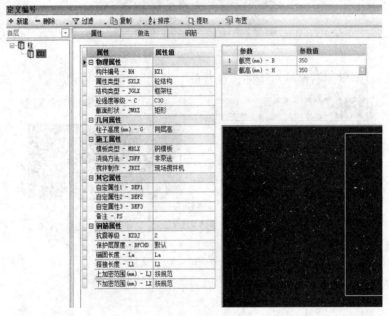

图 2-48

根据图纸修改钢筋信息，如图 2-49 所示。

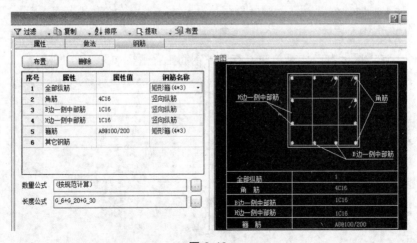

图 2-49

定义完成，单击"布置"，柱体"布置方式选择栏"如图 2-50 所示。

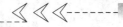

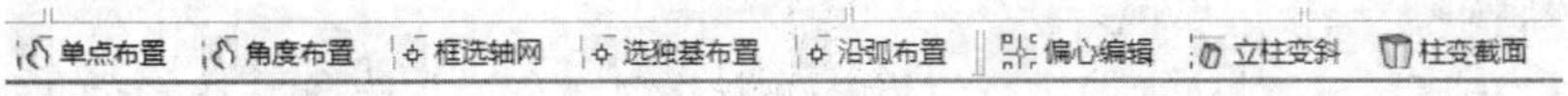

图 2-50

"选独基布置"：以独基的位置作为参照，布置柱体。布置完成后，可以对柱体进行"偏心编辑、立柱变斜"，单击"偏心编辑"选择需要编辑的主体，按回车键，如图 2-51 所示。

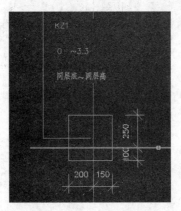

图 2-51

在红色虚框内输入相应距离即可；单击"立柱变斜"，根据命令行提示选择需要变斜的主体，按回车键，如图 2-52 所示。

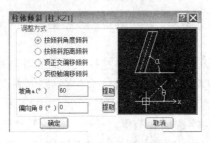

图 2-52

可以选择变斜的方式，输入相应数据即出现变斜主体，如图 2-53 所示。

图 2-53

"边角柱判定"：根据所选封闭范围，软件智能判定并修正范围内柱体的"边/角/中"柱的位置属性和"底/顶"层楼层属性。

主体布置完成后，可对柱钢筋进行编辑，单击"钢筋布置"选择需要布置的钢筋构件，弹出如图 2-54 所示的对话框。

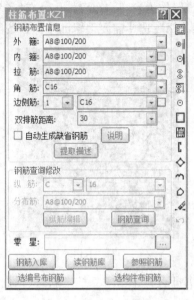

图 2-54

通过表格右边栏目快速布置钢筋，也可通过"表格钢筋"和"自动插筋"布置相关钢筋信息。

导航器上的"属性列表栏"中的"底高"是指柱子的底部高度，当柱子的高度设置为"同层底"时，可在同层底高的基础上输入"±××"一个数值来调整柱子的底高。如"同层底+300 mm"表示在柱子底部高的基础上将柱子底向上扣减 300 mm；反之，如"同层底 – 300 mm"表示向下增加 300 mm。其他文字选项表示将柱子底高自动调整到底下楼层的构件顶上。

"高度"：柱子的高度，缺省为"同层高"，也可在同层高的基础上输入"±××"一个数值来调整柱子的高度，释同"底高"。

2.4.2 暗柱布置

功能说明：暗柱布置。

菜单位置：【柱体】→【暗柱】。

命令代号：azbz。

暗柱大部分定义方式同独基，下面对"编号定义"内两个设置内容作如下说明：

"是否约束边缘构件"：常规状态下该栏目属性值缺省为"否"，对于平法 11G101-1 第 49 页的构件方式，用户应该在此将属性值设置为"是"，否则程序将不会计算暗柱伸出的扩展区长度，当设置为"是"时，可以看到如图 2-55 所示的效果。

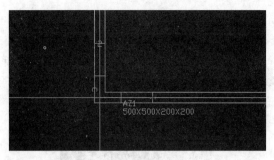

图 2-55

"是否布置了扩展区纵筋"：一般情况下，约束边缘构件的扩展区内纵筋与墙体的纵向钢筋是一致的，软件计算墙纵向钢筋时不会扣减扩展区的长度。如果扩展区内的纵筋与墙体的纵筋不一样，这部分的钢筋将在暗柱内布置，而墙体纵筋分布则应扣减扩展区长度。所以在定义时应该注意将"是否布置了扩展区纵筋"设置为对应的"是"与"否"值。"是"，则墙纵筋分布长度将扣减暗柱的扩展区长；"否"，则不扣减。

暗柱"布置方式选择栏"如图 2-56 所示。

图 2-56

1. 墙匹配布置

在导航器内选择一个暗柱的编号，执行"墙匹配布置"命令后，命令栏提示："输入插入点<退出>或[点布置（D）/角度布置（J）/手动布置（Y）/智能布置（S）]"。

根据命令栏提示，将光标移到需要布置暗柱的墙体位置，点击布置暗柱。

温馨提示：点匹配布置方式，其暗柱的截面形状是随编号的，不会随墙体组合形状而改变，但会智能判定墙肢的朝向。

2. 边定义边布置

边定义边布置不需要先选择暗柱编号，而是在绘制完毕后，根据提示再在命令栏内输入暗柱编号；执行"边定义边布置"命令后，命令栏提示："输入插入点<退出>或[点布置（D）/角度布置（J）/手动布置（Y）/智能布置（S）]"。

根据命令栏提示，光标置于需要布置暗柱墙肢端点，点击起点，再根据命令栏提示："请输入第二点"，将光标沿需要方向移至端点并点击，这时可看到绘制的线条变为了一段同墙宽的矩形，如图 2-57 所示。

图 2-57 生成一个方向的矩形

45

接着命令栏又会提示：

"输入插入点<退出>或[点布置（D）/角度布置（J）/手动布置（Y）/智能布置（S）]"，重复上述方式向另一个方向绘制出暗柱另一肢，当点击第二个端点时，程序会自动搜索所绘暗柱部位的所有墙的交接区域，如果发现该区域没有相连的墙肢后，程序会自动对所绘区域的边缘进行连接，形成柱子外轮廓，如图2-58所示。

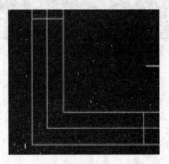

图2-58　将边缘连接成柱子的外轮廓

这时命令栏提示："输入构件的编号"，按提示在命令栏内输入所绘柱子的编号，一个"手动布置"的柱子即绘制成功。

3. 边缘暗柱布置

主要用于区分所布柱子是"约束边缘暗柱"还是"构造边缘暗柱"。执行命令后，弹出如图2-59所示的"请选择暗柱类型"对话框。

图2-59　选暗柱类型对话框

对话框有两个选项，根据当前布置的柱子，应确定柱子是"约束边缘暗柱"还是"构造边缘暗柱"类型，命令栏提示："输入插入点<退出>或[点布置（D）/角度布置（J）/手动布置（Y）/只能布置（S）]"。

根据命令栏提示，光标移至需要布置暗柱的墙体位置并点击，这时命令栏又提示："输入构件的编号"。

根据提示在命令栏内输入布置的暗柱编号，按回车键之后可生成一个暗柱。

温馨提示：软件内对于"约束边缘暗柱"的"Lc"有两个确定方式，一种是按照平法11G101-1第49页的"约束边缘构件沿墙肢的长度Lc"表，进行自动判定得到，在软件内将这种方式称之为"按规范"。第二种是"自定义"方式，由用户指定Lc的长度。

2.4.3　构造柱

功能说明：构造柱布置。

菜单位置：【柱体】→【构造柱】。

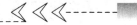

命令代号：gzz。

执行该命令后，根据图纸信息完成构造柱定义，再单击"布置"按钮，构造柱"布置方式选择栏"如图 2-60 所示。

📄 导入图纸 ▾ 📄 冻结图层 ▾ 🏛 识别构造柱 🔧 自由布置 ⬩ 自动布置 🔩 墙上布置 🏛 匹配墙宽布置 🔄 构件转换 🔳 表格钢筋

图 2-60

1. 自由布置

执行命令后，命令栏提示："点布置（退出）或[墙上布置（D）/匹配墙厚布置（E）/自动布置（Z）]"。

根据提示光标移至界面上需要布置构造柱的位置点击，构造柱就布置上了。

温馨提示：点布置的构造柱截面尺寸不会随着墙的厚度改变。

2. 墙上布置

执行命令后，命令栏提示："墙上布置<退出>或[点布置（O）/匹配墙厚布置（E）/自动布置（Z）]"。

根据提示光标移至界面上需要布置构造柱的位置并点击，构造柱就布置上了。

温馨提示：当构造柱的顺墙宽 H 小于墙宽时，根据插入点的位置自动匹配构造柱的位置，当构造柱的顺墙宽不小于墙宽时，自动调整构造柱的顺墙宽为墙宽。

3. 匹配墙宽布置

执行命令后，命令栏提示："匹配墙宽布置<退出>或[点布置（O）/墙上布置（D）/自动布置（Z）]"。

根据提示光标移至界面上需要布置构造柱的位置点击，构造柱就布置上了。

温馨提示：无论构造柱的顺宽为多少，自动调整构造柱的顺墙宽为墙宽。

4. 自动布置

执行命令后，命令栏提示："匹配墙宽布置<退出>或[点布置（O）/墙上布置（D）/自动布置（Z）]"。

同时弹出"设置自动布置参数"对话框，如图 2-61 所示。

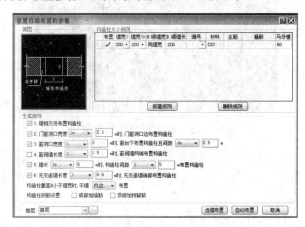

图 2-61 "设置自动布置参数"对话框

将对话框中的内容设置完后，点击"自动布置"，系统就会按设置的条件，自动将构造柱布置到墙体上。

温馨提示：自动布置的构造柱，可能有些位置布置得不正确，布置完后最好对界面上的构造柱进行一下检查，将错误的构造柱纠正过来。

2.4.4 柱帽布置

功能说明：柱帽布置。

菜单位置：【柱体】→【柱帽】。

命令代号：zmbz。

执行该命令后定义柱帽，根据图纸信息完成柱帽定义后，单击"布置"按钮，柱帽"布置方式选择栏"如图 2-62 所示。

图 2-62

将柱帽定义好后，根据命令栏提示"选柱布置<退出>"，在界面中单选或框选对应的柱子，即可将柱帽布置到柱顶上。

1. 柱帽切割

执行"柱帽切割"命令后，命令栏提示："以梁、墙外边线作为切割参考线，请选择需要切割柱帽内部一点/画切割参考线（P）"。

当需要以梁墙外边作为切割线时，可直接选择需要切割掉的柱帽那部分里面的一点，选择后切割结果如图 2-63 所示。

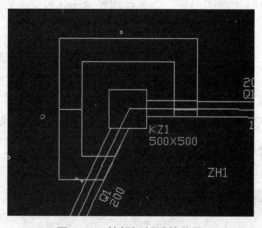

图 2-63　柱帽切割后的结果

也可自画参考线：点击按钮"画切割参考线"或输入 P，按回车键，命令栏提示："请画切割柱帽的起点"选择一点，又提示："Specify next point or/Arc/Close/Halfwidth/Length/Undo/Width"。

按照提示画好参考线，如图 2-64 所示。

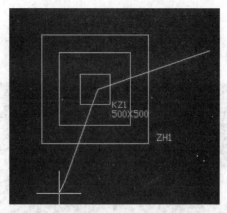

图 2-64　绘制好柱帽切割参考线后的结果

命令栏又提示："请指出柱帽需要切割的部分内部点"，选择内部一点，切割柱帽，如图 2-65 所示。

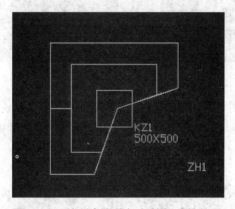

图 2-65　绘制参考线切割柱帽后的结果

2. 柱帽偏心

执行"柱帽偏心"命令后，命令栏提示："选择柱帽"，选择要偏心的柱帽后，命令栏又提示："请输入柱帽要偏心的位置（以柱帽的中心点为基点）"，选择要偏心的位置，执行偏心操作，如图 2-66 所示。

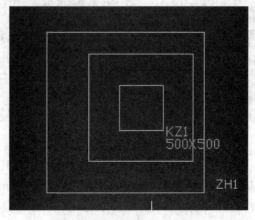

图 2-66　柱帽偏心后的结果

3. 柱帽扭转

执行"柱帽扭转"命令后，命令栏提示："选择柱帽"，选要偏心的柱帽后，命令栏又提示："请输入柱帽要扭转的角度<O>"，输入角度值后，对柱帽进行扭转，如图 2-67 所示。

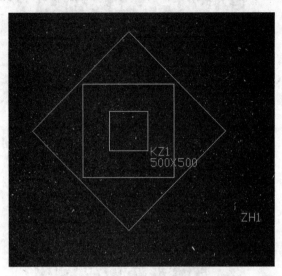

图 2-67　柱帽扭转后的结果

温馨提示：柱帽的钢筋进行了优化，提供钢筋的三维显示，并在切割后钢筋进行自动换算，对切割后具有不规则截面的钢筋按图形计算进行处理，计算准确，省去了用户繁琐的计算过程。

【案例 2-4】 某框架柱采用 C30 现浇混凝土，柱高 3 600 mm，柱模板采用木模板，其他信息如图 2-68 所示，试计算柱的工程量。

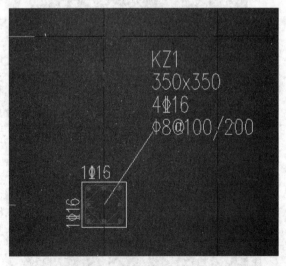

图 2-68

启动软件，新建工程，进入主界面，点击"柱体"→"主体"定义柱的编号，构件编号输入 KZ1，结构类型选择框架柱，混凝土强度等级 C30，柱高 3 600 mm，模板类型为钢模板，浇捣方法为非泵送，搅拌制作为现场搅拌机，界面尺寸为 350×350，其他属性选择默认值，如图 2-69 所示。

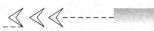

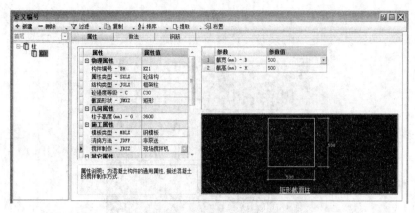

图 2-69

定义完属性后，点击"做法"定义柱的做法，如图 2-70 所示。

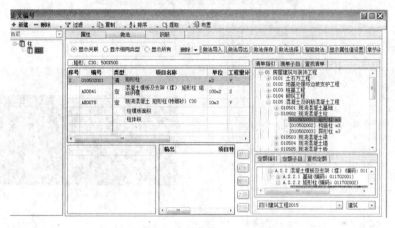

图 2-70

挂接完做法后，点击"布置"，选择"单点布置"将柱布置到相应的位置即可；布置完柱后，选中柱体，点击工具栏上的"钢筋布置"，弹出如图 2-71 所示的对话框。

图 2-71

在此表格中录入钢筋信息后，点击边框右边快捷操作，首先绘制角筋，然后绘制边筋，再绘制矩形外箍筋，最后绘制菱形内箍筋。这样就完成钢筋的布置，如图 2-72 所示。

图 2-72

通过鼠标右键查看柱工程量，如图 2-73 和图 2-74 所示。

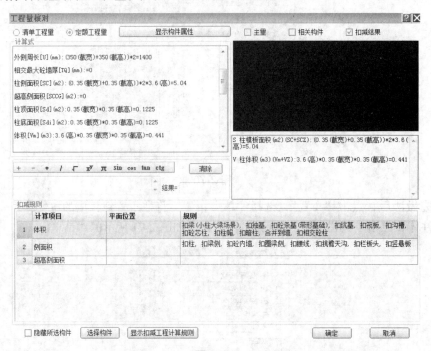

图 2-73

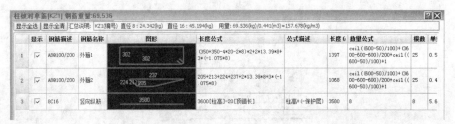

图 2-74

2.5　梁体布置

2.5.1　梁体布置

功能说明：梁布置。

菜单位置：【梁体】→【梁体】。

命令代号：ltbz。

执行该命令后，弹出梁体定义对话框，根据图纸信息完成梁体定义，如图 2-75 所示。

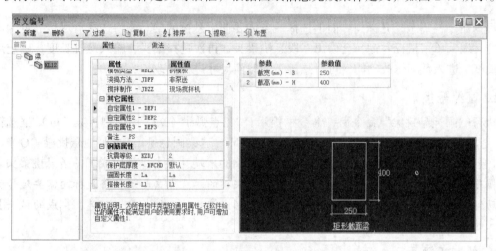

图 2-75

定义完成后，单击"布置"，梁"布置方式选择栏"如图 2-76 所示。

直线画梁　　三点弧梁　　绘制折梁　　框选轴网　　选轴画梁　　选墙布置　　选线布置　　选梁画悬挑　　画纯悬挑梁

图 2-76

"直线画梁"：在界面上选择一条条基的端部作为起点，直线延伸，置于条基的末点并点击鼠标，在界面上就生成了一个条基。

"三点弧梁"：在界面上选择一条条基的端部作为起点，延伸选择条基的第二个点，然后弧线延伸，置于条基的末点并点击鼠标，在界面上就生成了一条弧形条基。

"绘制折梁"：根据设计要求，在界面上布置水平或垂直的折形梁段。

"框选轴网"：框选界面上的轴网来布置梁。

"选轴画梁"：选择该轴线与其他轴线的交点，在交点的最大范围内生成梁。

"选墙布置"：选择墙体来布置梁，梁的长度同墙体的长度。

"选线布置"：选直线、圆弧、圆和多义线、椭圆来生成梁。

"选梁画悬挑"：点击梁端头支座外侧生成悬挑梁。

"画纯悬挑梁"：用于手绘梁长的方法布置悬挑梁。

"选墙布置"：选择墙体来布置梁，梁的长度同墙体的长度。

"悬挑变截面"：选择悬挑梁端，修改梁的端部，截高生成变截面梁。

"选支座布悬挑梁"：点击柱、墙支座构件，在构件上生成纯悬挑梁头。

温馨提示：梁顶高指当前梁布置的顶高度，可以在梁顶高"同层高"属性值的基础上输入"±××"一个数值来调整梁的顶高。如"同层高+300 mm"，表示在梁顶同层高的基础上将梁提升300 mm；反之，如"同层高-300 mm"，表示向下降低300 mm。其他文字选项表示将梁顶调整到同其他构件的相应高度位置。

1. 选梁画悬挑梁

执行"选梁布画悬挑梁"命令后，命令栏提示："三点弧梁（V13）/绘制折梁（O）/框选轴网（K）/选轴画梁（D）/选墙布置（N）/选线布置（Y）/选梁画悬挑（J）/画纯悬挑梁（Q）"。

根据命令栏提示，光标到界面上选择一条需要伸出悬挑的梁。要将选择点尽量靠近伸出悬挑头的一端，单击鼠标左键，会伸出一段悬挑梁头，再次选择梁头，输入悬挑长度，确定悬挑头的长度。进入截面修改功能，可对悬挑头的截面尺寸进行修改。

2. 画纯悬挑梁

执行"画纯悬挑梁"命令后，命令栏提示："三点弧梁（V13）/绘制折梁（O）/框选轴网（K）/选轴画梁（D）/选墙布置（N）/选线布置（Y）/选梁画悬挑（J）/画纯悬挑梁（Q）"。

在悬挑梁的起端点击鼠标，将光标移至悬挑梁的末端并点击，就生成了一条悬挑梁头。

操作技巧：手绘悬挑梁头时，最好捕捉到框架梁的端头点击起端，将光标向需要延伸的一端移动到一定距离停止，不要点击鼠标，在命令栏内输入挑头的长度，回车，生成的挑头长就是输入的长度。

3. 绘制折梁

执行"布置折梁"命令后，命令栏提示："绘制折梁<退出>或 [直线画梁（V12）/三点弧梁（V13）/框选轴网（K）/选轴画梁（D）/选墙布置（N）/选线布置（Y）/选梁画悬挑（J）/画纯悬挑梁（Q）]"。根据命令栏提示，光标在折梁的起端点击，命令栏又提示"请输入下一点或[圆弧（A）/平行（P）]"。如果是弧形折梁，则执行圆弧绘制方法（参见手动布置条基部分），直梁就直接将光标移至下折点点击，点到第三个点位后，命令栏会提示："请输入下一点或[圆弧（A）/平行（P）/封闭（C）]"。如果还有折点，可以直接向下一个折点点击绘制直至将折点点绘完毕，右击，这时命令栏内提示："请选择需要输入高度的点："，将光标移至需要给定高度的折点位置，这时有折点的地方会显示一个圆圈带十字的标记，如图2-77所示。

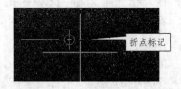

图2-77　界面折点标记

在有折点标记的位置点击鼠标，命令栏又提示："请输入该点的高度（mm）<4000>:"，依据提示在命令栏内输入这个折点的高度值，回车，命令栏会提示选择下一个输入高度折点，按上述方法依次选择折点，输入高度，直至将折点的高度指定完毕，一条折梁就生成了，如图2-78所示。

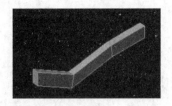

图 2-78　生成的折梁三维视图

4. 悬挑变截面

布置带悬挑端的梁的变截面（大小头）。

（1）布置完带悬挑端的梁，如图 2-79 所示。

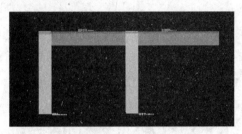

图 2-79

（2）点击梁的构件查询，修改端部高 HD 的属性值，如图 2-80 所示。

图 2-80

（3）可以看到悬挑端的截面发生了变化，端部高度变为输入值，如图 2-81 所示。

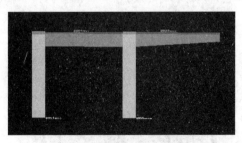

图 2-81

（4）用户也可以在定义面及钢筋布置界面修改界面数据，如图 2-82 所示。

梁跨	箍筋	面筋	底筋	左支座筋	右支座筋	腰筋	拉筋	加强筋	其它筋	标高(m)	截面(mm)
集中标注	A8@100/200	2B20	2B20							0	250x500
1				4B20	4B20						250x500
右悬挑			4B20								250x500/300

图 2-82

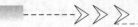

2.5.2 暗梁布置

功能说明：暗梁布置。暗梁构件只用作钢筋计算，不输出构件工程量，如混凝土、模板。

菜单位置：【梁体】→【暗梁】。

命令代号：albz。

执行该命令，弹出暗梁定义对话框，根据图纸信息完成暗梁定义，单击"布置"，暗梁"布置方式选择栏"如图 2-83 所示。

| 导入图纸 ▼ | 冻结图层 ▼ | 直线画梁 | 选墙布置 | 选洞口布置 | 选线布置 | 构件转换 | 组合布置 |

图 2-83

1. 选洞口布置

执行选洞口布置暗梁，命令栏提示："选洞口布置<退出>或[手动布置（E）/选墙布置（N）]"。根据提示，光标在界面上选择墙上需要布置暗梁的门窗洞口，点击，就将暗梁布置上了，如图 2-84 所示。

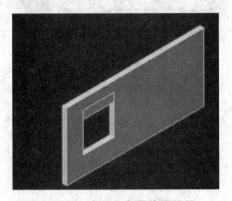

图 2-84　选洞口布置暗梁结果

温馨提示：选洞口布置梁，其暗梁的"梁底高"会自动与门窗洞口的顶对齐。

2. 选墙布置

执行"选墙布置"暗梁，命令栏提示："选墙布置<退出>或[手动布置（E）/选洞口布置（T）]"。根据提示，光标在界面上选择墙上需要布置暗梁的门窗洞口，点击，就将暗梁布置上了，如图 2-85 所示。

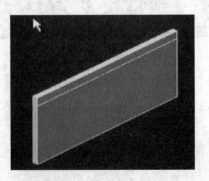

图 2-85　选墙布置暗梁结果

3. 直线画梁

当执行手动暗梁布置时，界面上会弹出"暗梁下洞口设置"对话框，如图 2-86 所示。

图 2-86

该对话框用于布置暗梁时，应指定匹配墙洞或门窗洞口。在对话框中选择当前暗梁下匹配洞口的方式：选择"匹配洞口编号"，在下面"指定洞口编号"栏目内指定匹配的门窗洞口编号。

如果点开的选择栏内没有编号可选，可以点击栏目后面的"..."进入"构件编号"对话框，在栏目内定义一个新编号使之匹配。软件将匹配的洞口编号洞顶高缺省是"同梁"的，可看到"生成洞口顶高"栏是灰色的，并且有"同梁底"的字样。

根据命令栏提示："手动布置<退出>或[选洞口布置（T）/选墙布置（N）]"，根据提示将光标移到界面需要布置暗梁带门窗洞口的位置点击，梁和洞口就布置上了，如图 2-87 所示。

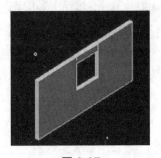

图 2-87

温馨提示：暗梁布置的"手动布置"功能是一种画线的布置方式，就是在墙上画的线有多长，梁就生成多长。当暗梁在已经匹配了洞口编号的情况下，如果将绘制的梁线超过了洞口宽，这时只有梁的长度会随绘制的线长改变，而洞口的宽度保持编号的宽度不变。

选择"自动生成洞口"，这时"指定洞口编号"栏将变为灰色，同时下面的"生成洞口顶高"标题变为"指定洞口底高"，并且栏目变为亮显可编辑状态。在该栏目内指定自动生成的洞口底高，就可到界面中进行暗梁带洞口的布置。

根据命令栏提示："手动布置<退出>或[选洞口布置（T）/选墙布置（N）]"，根据提示将光标移到界面需要布置暗梁带窗洞口的位置绘制梁长线，梁和洞口就布置上了，如图 2-88 所示。

图 2-88 暗梁自动生成洞口布置的结果

工程造价软件应用教程

温馨提示：与"匹配洞口编号"的结果不同，自动生成洞口的暗梁布置，绘制的梁线有多长，其生成的洞口宽度就有多长。

操作技巧：如果要布置弧形圈梁，用选墙布置的方法，布的圈梁就会随着弧形墙弯曲。

2.5.3 过梁布置

功能说明：绘制过梁。

菜单位置：【梁体】→【过梁】。

命令代号：glbz。

执行该命令，弹出梁体定义对话框，根据图纸信息完成梁体定义，过梁"布置方式选择栏"如图 2-89 所示。

📄 导入图纸 ▾ 📄 冻结图层 ▾ ✏ 直线画梁 🔲 选洞口布置 ✧ 选线布置 ✧ 自动布置 ↻ 构件转换 ✧ 组合布置

图 2-89

1. 选洞口布置

执行命令后，命令栏提示："选洞口布置<退出>或[手动布置（E）/自动布置（Z）]"，光标移至选择界面中需要布置过梁的洞口处并点击，过梁就布置上了。如果是拱形洞口，则在"属性列表栏"内"拱洞口布拱过梁"属性值内打上"√"，再用光标点击洞口，拱形洞口上就布置了一条拱形过梁，如图 2-90 所示。

图 2-90　拱形洞口上布置的拱形过梁

2. 自动布置

执行命令后，弹出"过梁表"对话框，如图 2-91 所示。

图 2-91　过梁表对话框

　　自动布置过梁，必须先设置过梁洞口匹配条件，如洞口多宽，墙厚布置什么编号的过梁，在该过梁内布置什么规格型号的钢筋等。

　　定义过梁编号有两种方法，一种是手工录入，一种是当有电子图时，对电子图进行识别。手工录入又分两种方法，一种是直接将数据录入"过梁表"对话框内，另一种是将数据录入 Excel 表中，再经过"导入"功能将数据导入到"过梁表"中。

　　过梁识别方法和表格的编辑参见"柱表"识别相关内容。

　　当过梁表定义好即可进行布置，点击"布置过梁"按钮，弹出"自布置过梁设置"对话框，如图 2-92 所示。

图 2-92

　　设置好后，点击"继续"按钮，系统就会根据设置内容到界面中搜寻符合条件的门窗洞口，自动将过梁布置上。

　　过梁自动布置完毕后，弹出对话框，如图 2-93 所示。

图 2-93　"过梁的自动布置已完成"对话框

温馨提示：

　　（1）软件默认过梁截宽为同墙宽，梁底高为同洞口顶。

　　（2）自动布置过梁会将现浇过梁和预制过梁结合起来进行布置，就是当预制过梁放不下的时候，系统会自动转为现浇过梁。

2.5.4　标准过梁

　　功能说明：预制过梁布置。

　　菜单位置：【梁体】→【标准过梁】。

　　命令代号：yglbz。

　　预制过梁定义方式同预制板说明。

　　预制过梁"布置方式选择栏"如图 2-94 所示。

导入图纸
冻结图层
自动布置
自动布置
核对构件

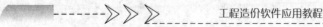

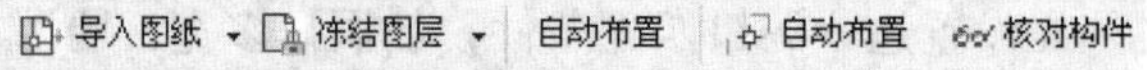

图 2-94　过梁布置方式选择

选洞口布置、自动布置方式同过梁。

对应导航器上“构件布置定位方式输入栏”解释：同过梁说明。

对应导航器上“属性表栏”解释：同过梁说明。

温馨提示：

（1）一般预制过梁的编号是标准图集上的编号。

（2）遇不能布置过梁时，如洞口端头的搁置长度不满足（挑头长）时，程序会自动转换为布置现浇过梁，但过梁表内一定要有现浇过梁的编号定义，否则系统找不到相匹配的浇过梁，将不会对过梁进行布置。

2.5.5　圈梁布置

功能说明：圈梁布置。

菜单位置：【梁体】→【圈梁】。

命令代号：qlbz。

圈梁定义方式同梁说明，略。

圈梁“布置方式选择栏”如图 2-95 所示。

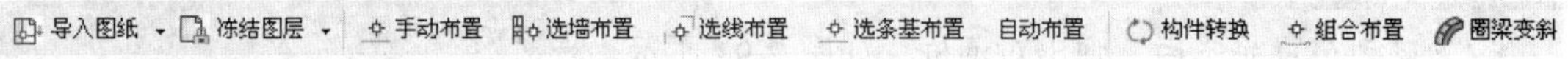

导入图纸
冻结图层
手动布置
选墙布置
选线布置
选条基布置
自动布置
构件转换
组合布置
圈梁变斜

图 2-95

1. 选条基布置

执行命令后，命令栏提示：“请选择砌体条基<退出>或[手动布置（S）/选墙布置（N）/选线布置（Y）/自动布置（Z）]”，根据选择的砌体条基，在条基的顶部布置一道圈梁。

温馨提示：选择的条基一定要是砌体条基。

2. 自动布置

执行命令后，命令栏提示：“手动布置<退出>或[选墙布置（N）/选线布置（Y）选条基布置（D）/自动布置（Z）]”，同时弹出“设置自动布置参数”对话框，如图 2-96 所示。

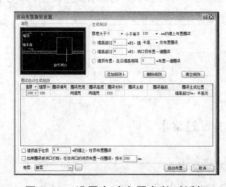

图 2-96　设置自动布置参数对话框

3. 组合布置

执行命令后，命令栏提示："请输入起点<退出>或撤销（U）:"，同时弹出"组合布置"对话框，如图 2-97 所示。

图 2-97　组合布置对话框

用墙与圈梁组合一个同时布置的构件：点击"新组合"按钮，在"组合编号"栏内创建一个组合编号"ZH2"；点"构件名称选项"栏后的"▾"，在展开的构件名称列表内选择"墙"，这时"构件编号"栏内会显示墙构件定义过的"构件编号"，如果没有，可以点击"▨"按钮，进入"构件编号"对话框定义墙的编号。

回到"组合布置"对话框中就可以看到新编号在"构件编号"栏内；点击"添加"按钮，将墙编号选到右边的"组合"栏中。回到上述开始，将圈梁的编号选到"组合"栏中。在组合栏中将圈梁的高度设置为 2 000 mm。如果有布置定位要求，可在"定位选择"栏内将布置定位点设置好，之后点击"▨"按钮，将光标移至需要布置构件的位置，依据命令栏提示："请输入起点<退出>或撤销（U）"，光标点击墙的起点。

命令栏又提示："请输入下一点<退出>或圆弧（A）"，将墙线绘制到墙的终点点击，一段墙带圈梁的组合构件就布置上了，如图 2-98 所示。

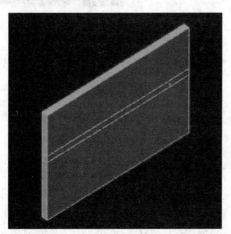

图 2-98　墙和圈梁组合布置的结果

温馨提示：

（1）软件默认圈梁截宽、截高均为同墙宽，梁顶高为同墙顶。

（2）如果用户要布置圈梁的钢筋，则在此处选墙布置圈梁时需要逐个选取墙体来布置圈梁，否则会影响后面圈梁的钢筋计算结果。

（3）手绘圈梁，一般用于圈梁与墙段不同长度的布置，如带悬挑梁的圈梁。

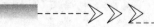
2.6 墙　体

2.6.1　混凝土墙布置

功能说明：混凝土墙布置。

菜单位置：【墙体】→【混凝土墙】。

命令代号：qtbz。

在定义编号界面新建一个墙编号，在属性类型选择"混凝土结构"，同时修改墙体厚度和混凝土强度等级，高度选择"同梁底"，其他属性根据图纸信息录入，如图 2-99 所示。

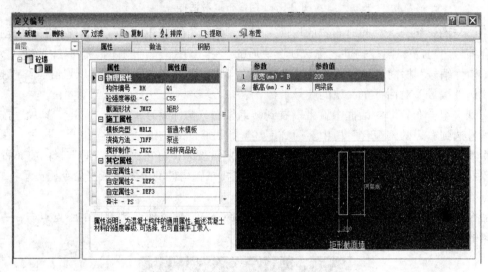

图 2-99

定义完墙体后，单击"布置"按钮进入墙体布置，墙"布置方式选择栏"如图 2-100 所示。

图 2-100　墙布置方式选择栏

可通过直线画墙，即在界面上选择一条墙的端部作为起点，直线延伸，置于墙的末点，点击鼠标，在界面上就生成了一堵墙；也可在界面上选择一堵墙的端部作为起点，延伸选择墙的第二个点，然后弧线延伸，置于墙的末点，点击鼠标，在界面上就生成了一堵弧形墙。若界面已经画好轴线，则可通过框选轴线绘制墙体；也可通过选轴画墙绘制轴线，计算出这条轴线与其他轴线的交点，在交点的最大范围内生成墙。若之前梁已经布置好，也可利用梁的位置信息，快速布置墙体。通过选取条基、直线、圆弧、圆和多段线、椭圆都能绘制墙体，选择相应命令即可。

绘制完墙体后可对墙体进行处理，即选取需要变斜的墙体并输入对应点的高度，可将平墙变斜墙；同时可对墙体进行倾斜，即选择需要倾斜的墙体，选择调整方式（倾斜角度、倾斜距、倾斜坡度），输入相应的值。除此之外，也可通过以下几种方式来处理墙体。

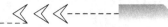

1. 选洞布置

执行"选洞布置"命令后，命令栏提示："请选择墙洞<退出>"，根据命令栏提示，点选需要填充布置墙体的洞口，单击鼠标右键，这时弹出"选墙洞布置填充墙"对话框，如图 2-101 所示。

图 2-101 "选墙洞布置填充墙"对话框

2. 填充墙调整

修改了洞口大小，洞内填充的墙体没有随着改变，这时就要执行"填充墙调整"命令，将填充墙调整到需要的大小，如图 2-102 所示。

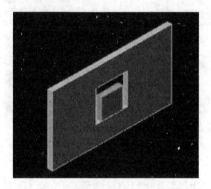

图 2-102

执行"填充墙调整"命令后，命令栏提示："请选择和填充墙大小不匹配的洞口<退出>"，根据命令栏提示，在界面中选中填充墙的洞口。若有多个洞口需要调整，可以继续选择，选择完成后单击鼠标"右键"，洞内填充墙就与洞口一样大了，如图 2-103 所示。

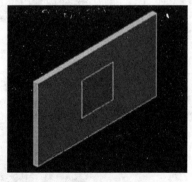

图 2-103

3. 墙体倾斜

功能说明：墙体倾斜是对墙体进行与竖向垂直方向产生夹角的操作。

命令代号：qtqx。

目前弧形墙均采用此命令。执行"墙体倾斜"命令后，命令栏提示："选取要修改的墙"。根据命令栏提示，光标选择界面中需要变斜的墙时，选中的墙轮廓线变为亮显，单击鼠标右键，从墙体会有一条直线引出，用户可以选择倾斜的方向，此时命令栏会提示"请指定墙倾斜的方向"，如图 2-104 所示。

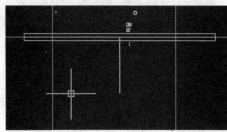

图 2-104

用光标在界面上确定方向后，弹出对话框，如图 2-105 所示。

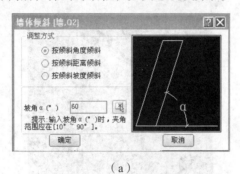

（a）

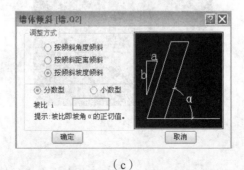

（b）

（c）

图 2-105

生成的图例，如图 2-106 所示。

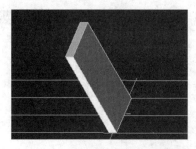

（a）直形墙和弧形墙的倾斜

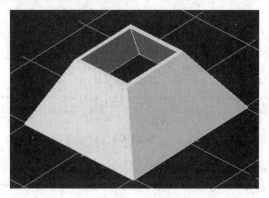

（b）整体维护墙的倾斜

图 2-106

混凝土墙钢筋布置：在定义界面钢筋设置中录入墙体钢筋信息；也可在绘制完成墙体后，选择"钢筋布置"，选中对象后弹出对话框，如图 2-107 所示。

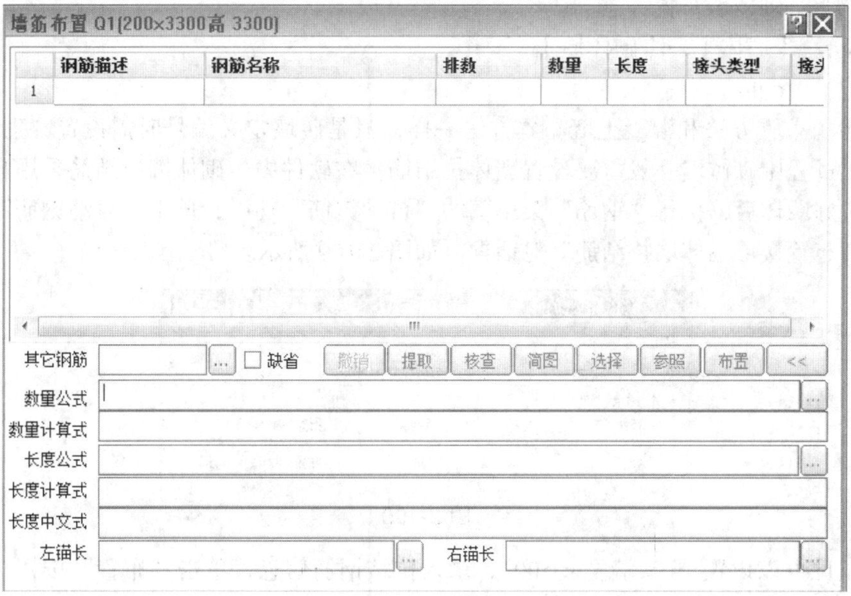

图 2-107

再录入相关钢筋信息，如图 2-108 所示。

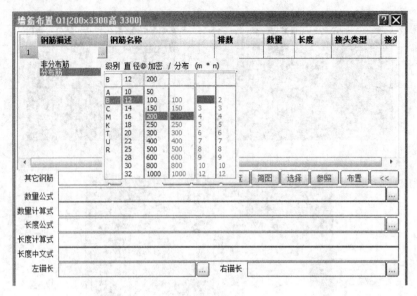

图 2-108

录入完成后必须点击"保存"按钮，确认钢筋无误后，点击"布置"即可。墙钢筋录入还可以通过墙表的形式录入，但利用墙表只能布置当前楼层的墙筋，其他楼层的墙筋需切换到目标层后，再执行墙表来布置。墙表里的数据在其他楼层可以直接调用，无需重新录入。

2.6.2　砌体墙布置

功能说明：砌体墙布置。

菜单位置：【墙体】→【砌体墙】。

命令代号：qqhz。

砌体墙的布置方法和混凝土墙布置方法一样，只是砖墙定义编号时需设置"砌体结构"。在实际施工过程中砌体墙一般需要设置墙体拉结筋。在软件中，砌体墙拉结筋采用自动布置的方式。布置好墙体后，执行"钢筋"菜单下的"自动钢筋"功能，单击"自动钢筋"后选择墙体，弹出"布置楼层砌体墙拉结筋"对话框，如图 2-109 所示。

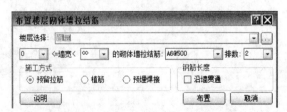

图 2-109

墙宽条件可以设置"0≤墙宽＜500"，录入拉结钢筋信息，单击"布置"按钮，拉结筋就布置完成。砌体墙拉结钢筋锚入混凝土的长度默认为 La，伸入砌体墙内的长度默认为 1 000，这些值可以在"钢筋选项"的"基本设置"页面中的"砌体加固"中设置。

2.7 板体布置

2.7.1 现浇板布置

功能说明：板布置。

菜单位置：【板体】→【现浇板】。

命令代号：btbz。

执行命令后，进入定义现浇板编号，在"结构类型"中选择现浇板的类型，板顶高与板厚在导航器中可以修改，也可在定义编号中定义。一般按不同板厚定义板编号。通常情况下，板顶高默认同层高。板体布置方法有很多种，如图 2-110 所示。

| 点选内部生成<退出>或 | 手动布置(D) | 实体外侧(E) | 实体内部(N) | 矩形布置(O) | 自动布置(Z) |

图 2-110

"手动布置"：根据需要布置板的区域，采用手工描绘板边线的方法布置，最后板边线会自动形成一个封闭区间，这个封闭区间就形成了要布置的板体。此种方式多用于异形板的绘制。

"智能布置"：根据实体构件围护起来的封闭区间，软件自动捕捉该内部区间，并以封闭区间的内边线形成板体。一般用于布置框架梁围护起来的板体，该方式为常用布置方式。

"隐藏构件"：多用于智能布置时，隐藏影响软件捕捉布置板的内区域的实体或线条。

【案例 2-5】 在软件中布置一块现浇板的钢筋。

在软件中，板筋是绘制出来的，不同于其他构件上只显示描述而无图形显示的钢筋，且板筋不遵循同编号布置原则。

在布置板筋之前，应打开软件的"对象捕捉"功能。先执行"工具"菜单中的"捕捉设置"，使对象捕捉处于打开状态即可。

执行"板筋布置"命令，弹出"布置板筋"对话框，如图 2-111 所示。

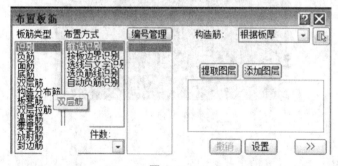

图 2-111

首先布置板底筋。在布置之前，可以对施工图上所有的板底筋描述进行编号，并录入对话框中，以便布置时选择。通过点击布置板筋对话框的"编号管理"按钮，或选择钢筋编号下拉菜单中的"新增编号"，进入管理编号对话框，如图 2-112 所示。

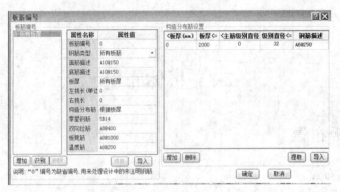

图 2-112

单击"确定"按钮完成板筋编号管理，完成后回到"布置板筋"界面，在"板筋类型"中选择需要布置的钢筋，并在"布置方式"中选择相应的方式。例如：选择底筋→板双向，选择完成后，选中板，点击板内部即可完成布置，如图 2-113 所示。

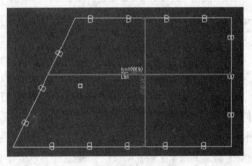

图 2-113

这样就完成了板底钢筋的绘制，用同样的方法完成其他钢筋的绘制，如图 2-114 所示。

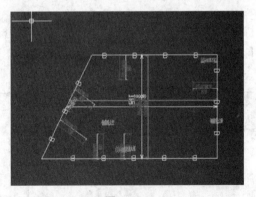

图 2-114

2.7.2　预制板

功能说明：预制板布置。

菜单位置：【板体】→【预制板】。

命令代号：ybbz。

执行命令后，弹出"导航器"，点击导航器"……"按钮，在弹出的"定义编号"对话框中新建一个预制板编号，这时弹出"选取预制构件"对话框，如图 2-115 所示。

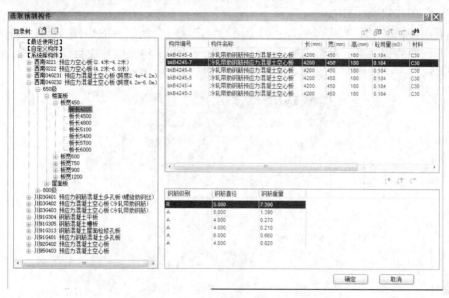

图 2-115 "选取预制构件"对话框

表中"目录树"罗列的是国家和地区的预制构件标准图集名称及构件名称。点击目录前面的"+"号框，会展开下一级的目录；"右边选项栏"显示的是对应目录栏中选中某类型号的预制构件编号集合栏，在此栏中选中某个编号，下部栏目中就会显示出该编号构件所含钢筋的规格型号和重量。

点击栏目顶部的"📋"按钮，会弹出"加载预制件"数据库对话框，如图 2-116 所示。

📄 03zg301 钢筋混凝土平板.cdw	2015/5/19 17:33	CDW 文件	1,149 KB
📄 03zg313 钢筋混凝土过梁.cdw	2015/5/19 17:33	CDW 文件	1,236 KB
📄 03zg401 预应力混凝土空心板.cdw	2015/5/19 17:33	CDW 文件	1,246 KB
📄 12zg313 钢筋混凝土过梁.cdw	2015/5/19 17:33	CDW 文件	114 KB
📄 92zg301 钢筋混凝土平板.cdw	2015/5/19 17:33	CDW 文件	1,152 KB
📄 92zg313 预制钢筋砼过梁.cdw	2015/5/19 17:33	CDW 文件	1,288 KB
📄 92zg401 预应力混凝土空心板(跨度2.4-…	2015/5/19 17:33	CDW 文件	1,186 KB
📄 92zg402 预应力混凝土空心板(跨度4.5-…	2015/5/19 17:33	CDW 文件	1,171 KB
📄 98折g1 预应力混凝土圆孔板(板厚120 …	2015/5/19 17:33	CDW 文件	21 KB
📄 98折g2 预应力混凝土圆孔板(板厚180 …	2015/5/19 17:33	CDW 文件	23 KB
📄 98折g3 预应力混凝土圆孔板(板厚240).c…	2015/5/19 17:33	CDW 文件	22 KB
📄 川03g401 预应力钢筋混凝土多孔板(螺…	2015/5/19 17:33	CDW 文件	1,185 KB
📄 川03g402 预应力混凝土空心板(冷乳带…	2015/5/19 17:33	CDW 文件	1,192 KB
📄 川03g403 预应力混凝土空心板(冷乳带…	2015/5/19 17:33	CDW 文件	1,190 KB
📄 川91g304 钢筋混凝土平板.cdw	2015/5/19 17:33	CDW 文件	1,155 KB
📄 川91g305 钢筋混凝土槽板.cdw	2015/5/19 17:33	CDW 文件	1,168 KB
📄 川91g309 钢筋混凝土阳台、挑梁.cdw	2015/5/19 17:33	CDW 文件	1,168 KB
📄 川91g310 钢筋混凝土过梁.cdw	2015/5/19 17:33	CDW 文件	1,190 KB
📄 川91g312 钢筋混凝土单梁.cdw	2015/5/19 17:33	CDW 文件	1,188 KB
📄 川91g313 钢筋混凝土屋面检修孔板.cdw	2015/5/19 17:33	CDW 文件	1,157 KB
📄 川91g401 预应力钢筋混凝土多孔板.cdw	2015/5/19 17:33	CDW 文件	1,186 KB

图 2-116 "加载预制构件数据库"对话框

当有新的预制构件数据库时，对"选取预制构件"内进行数据库加载，用法同前面"新建工程"。

栏目顶部"□"按钮和卸载"预制构件"库按钮，如果用户认为"选取预制构件"内的目录过多，不需要的时候，可以选中目录中某条不需要的目录，此时这个按钮会亮显，点击该按钮就可将已存在的数据库删除。

顶部右边按钮"□✚"自定义构件：用于用户自定义一个新编号的构件。当数据库内没有选项或设计非标准的构件时，对数据库内进行新构件的增加。将光标选中目录栏中的"自定义构件"名称条目，点击该按钮，弹出"新建构件"对话框，如图 2-117 所示。

图 2-117 "新建构件"对话框

在对话框中对应的栏目内输入新建构件的"编号、名称、长、宽、高、砼用量、材料等级"，点击"确定"按钮，新的构件就会增加到当前对应的目录里面。

"□□"定制构件：当用户需要对"右边选项栏"内的标准构件内容进行修改时，点击该按钮，在弹出的对话框中对需修改的构件进行修改。将光标置于该按钮上不动，会提示"定制-定制构件将添加到自定义构件库中"。点击该按钮，弹出"自定义预制构件修改"对话框，如图 2-118 所示。

图 2-118 "自定义预制构件修改"对话框

该对话框显示的是当前选中的构件编号的内容。对内容进行修改，单击"确定"按钮，一条定义修改的预制构件就会记录到"自定义构件"构件目录下。在对话框中可以对构件钢筋进行修改，切换到钢筋页面即可对钢筋进行修改。

"□↑"修改自定义构件：点击该按钮，直接对对话框内的内容进行修改。单击"确定"按钮，就会将原自定义构件的内容更新。

"□－"删除自定义构件：点击该按钮，将选中的自定义构件进行删除。

"🔍"查找构件：快速定位到需要查找的构件编号上，点击该按钮，弹出"查找构件"对话框，如图 2-119 所示。

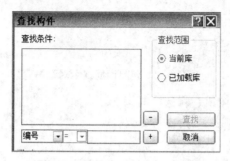

图 2-119 "查找构件"对话框

点击对话框底部"长"文字后面的"▼"按钮，弹出构件"长、宽、高、砼用量"等内容。在里面选择一个内容，在"="栏中选择一个条件运算符号，在"0"栏目内填上需要查找的属性值。设置完毕，点击"+"按钮，就将查找条件增加到"查找条件"栏目中，再依次将要查找的条件录入完毕。对于多录的内容，将录入的内容选中后点击"-"按钮即可将内容删除。最后点击"查找"按钮，右边选项栏中就会将符合条件的内容显示出来。

自定义了一个构件后，可在右边底部栏内对定义的构件增加钢筋。点击底部上的"⊕"，弹出"添加钢筋"对话框，如图 2-120 所示。

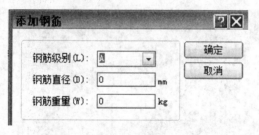

图 2-120 "添加钢筋"对话框

在对话框中将自定义构件的钢筋级别、直径、重量按每个构件的用量输入后，点击"确定"按钮，就将一个构件的钢筋添加完成。

点击底部栏上的"⬆"按钮，弹出"修改钢筋属性"对话框，如图 2-121 所示。

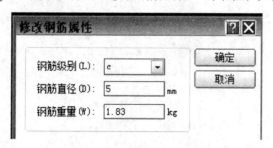

图 2-121 "修改钢筋属性"对话框

对话框中显示的是当前选中钢筋条目的内容，在对话框中将需要修改的内容进行更新，点击"确定"按钮，就可以将选中的钢筋进行修改。

点击底部栏上的"⬇"按钮，弹出"提示"对话框，如图 2-122 所示。

71

图 2-122　删除钢筋提示对话框

根据提示，点击"是"按钮，将选中的钢筋删除；点击"否"按钮，不删除钢筋。

预制板"布置方式选择栏"如图 2-123 所示。

图 2-123

通过"单点布置"，一次能布置一块板；通过"动态布置"，一次可以布置指定的预制块数。也可以在界面上点击布置板的起点和终点，从而进行动态布置预制板。

1. 单点布置

执行"单点布置"命令后，命令栏提示"布置点<退出>或动态布置（k）"，这时在光标处有一块板块随光标移动，根据提示，界面上点击需要布置板的位置，一块板就布置上了，如图 2-124 所示。

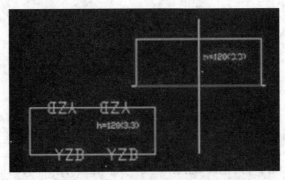

图 2-124

2. 动态布置

执行"动态布置"命令后，弹出"动态布置预制板"对话框，如图 2-125 所示。

图 2-125　"动态布置预制板"对话框

"预制板数目"：栏目内缺省的是"自动计算"预制板块数，点击栏目后面的"▼"按钮，会展开数值选项。一旦在栏目中定义了预制板的具体数目，则无论绘制的布置线有多长，每次布置的板块数都是按定义绘制的。

"预制板缝隙"：在该栏目内设置预制板之间的缝隙宽度，该缝隙与下面的板缝隙自动布置"预制板缝隙"选项，则自动生成"预制板缝隙"的构件。

"板缝隙自动布置预制板缝隙"：勾选该项，在预制板之间生成"预制板缝"的构件。

"现浇板编号"：用于指定填补预制板布置不到的缝隙，选择填补板缝的平板编号。点击栏目内的"▾"按钮，在展开的板编号内选择需要的板编号匹配当前布置的预制板。当栏目内没有板编号可选时，可点击栏目后面的"┈"按钮进入"构件编号"对话框内定义一个板编号，以供填补预制板缝隙。

定义完动态布置预制板内容后，命令栏提示："动态布置<退出>或[点布置（D）/撤销（H）]"，根据提示在界面上将光标置于布置板的起点并点击，再将光标移至布置板的终点点击，即形成了一条组合板块（含预制板缝），如图2-126所示。

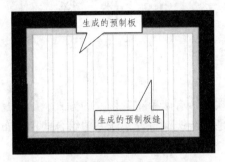

图2-126 动态布置预制板（含预制板缝）

温馨提示：如果设计的预制板缝由钢筋配置，用户可以直接对生成的预制板缝进行钢筋布置。预制板缝是与预制板布置同时生成的，可以对预制板缝进行做法挂接，输出板的工程量。

2.7.3 悬挑板

功能说明：悬挑板布置。

菜单位置：【板体】→【悬挑板】。

命令代号：xtb。

定义方式同板。

悬挑板"布置方式选择栏"如图2-127所示。

▯ 导入图纸 ▾ ▯ 冻结图层 ▾ ▯ 墙梁边布置 ▯ 矩形布置 ◇ 点选内部 ◇ 异形悬挑板 ◆ 布置辅助 ▾ ▯ 翻边编辑 ▯ 调整夹点

图2-127

选择"墙梁上布置"执行命令后，命令行提示："墙梁上布置<退出>或[手动布置（D）/CAD布置（J）]"，根据提示在需要布置悬挑板的墙或梁边缘点取插入点，就会在插入位置生成挑板。其余布置方法均同板布置的相关说明。

2.7.4 竖悬板

功能说明：竖悬板布置。

菜单位置:【板体】→【竖悬板】。

命令代号:sxb。

定义方式同板。

竖悬板"布置方式选择栏"如图 2-128 所示。

导入图纸 ▾ 冻结图层 ▾ 手动布置 墙上布置 选线布置 墙端点布置

图 2-128

布置方法同门窗和悬挑板相关布置。

2.8 楼 梯

2.8.1 梯段布置

功能说明:梯段布置。软件中有两种布置楼梯的方式,一种是本梯布置,不考虑楼梯梁、踏步、平台等因素;另一种是复杂楼梯布置,详见"组合楼梯"布置。

菜单位置:【楼梯】→【梯段】。

命令代号:lthz。

在定义编号界面新建一个梯段编号,软件提供了多种梯段类型,可在属性的结构类型中选择,并且每一种梯段类型都有对应的示意图,如图 2-129 所示。

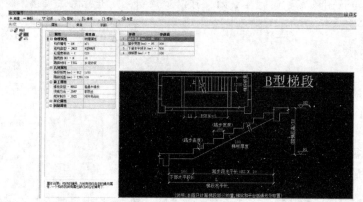

图 2-129 梯段类型

在物理属性中,"踏步数目"指的是纯踏步数,不包含楼梯梁。软件按踏步数目计算梯段高度,"下段踏步数"与"上段踏步数"只在选择 E 型梯段时需要设置,其他型号不需设置(在定义编号时可定义其钢筋)。

梯段"布置方式选择栏"如图 2-130 所示。

导入图纸 ▾ 冻结图层 ▾ 单点布置 角度布置

图 2-130 梯段布置方式选择栏

温馨提示:选择相应的布置方式,如"单点布置",将楼梯插入相应的位置即可。

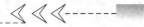

2.8.2　楼　梯

功能说明：楼梯布置。如果用户工程是简单的双跑楼梯，可以用本功能布置楼梯。楼梯的内容包括楼梯梁、平台板、楼梯段、栏杆、扶手，工程量会按照计算规则将所述构件统一输出为平面投影面积，同时还可以得到楼梯的踢脚线、顶面、底面的展开面积，可以得到栏杆扶手的相关工程量。

菜单位置：【楼梯】→【楼梯】。

命令代号：zhlt。

楼梯是由梁、板、梯段等构件组合而成。布置楼梯之前先定义分构件，之后才进行楼梯组合。分构件的定义方式除了可以在各构件编号定义内定义外，遇到组合栏目中没有选择的编号时，也可以在组合编号定义栏内临时增加分构件编号。

楼梯组合操作说明：

在导航器中点击"……"按钮，进入"构件编号"对话框，如图 2-131 所示。

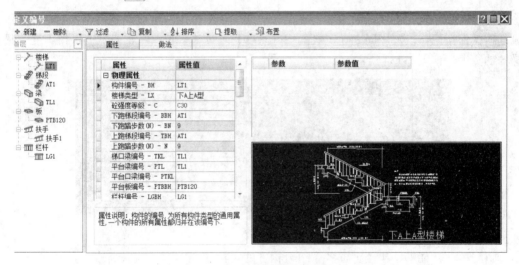

图 2-131　"组合楼梯编号定义"对话框

在"构件编号"列表栏中，看到有预制的楼梯梁、平台板、楼梯段、栏杆、扶手编号，最顶上一条是"楼梯"名称，将光标置于楼梯名称上"新建"，就会自动产生一个组合楼梯编号。接着右边的属性栏会展开，在"楼梯类型"栏内点击"▾"，在展开的选项栏中选择对应梯段类型，如图 2-132 所示。

图 2-132　梯段类型选择栏

选择组合的梯段类型，如"下 A 上 A"，即楼梯的下跑是 A 型梯段，上跑也是 A 型梯段。软件内梯段类型是按照平法 11G101-2 图集所列类型取定。楼梯段共有 5 个基本类型，可以组合出多种双跑楼梯。依次在属性栏中将对应的构件编号进行选择。没有编号可组合选择时，将光标移至构件编号列表栏对应的构件名称上"新建"一个编号，再到属性列表栏内进行选择组合。

温馨提示：梯段类型的选择，如选择了"下 B 上 A"这个楼梯类型组合，必须在构件编号中有 A、B 两种梯段类型的定义，否则将会没有可选项目。定义对话框中组合构件是按照楼梯的全部内容缺省的，如果实际工程中某类构件没有，组合时可以将该条内容选择为空。依次选择组合楼梯构件，点击"布置"，回到布置界面，即可开始布置楼梯。

组合楼梯"布置方式选择栏"如图 2-133 所示。

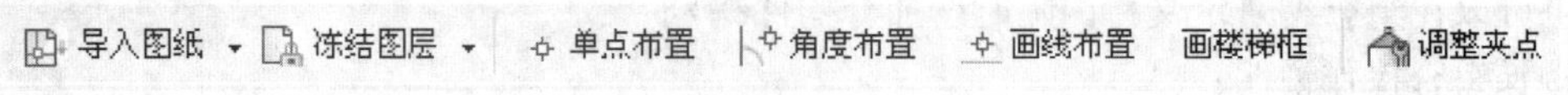

导入图纸 ▾ 冻结图层 ▾ ✧ 单点布置 ⊢ 角度布置 ✧ 画线布置 画楼梯框 ⌂ 调整夹点

图 2-133

"画线布置"：点击画线的起点和终点，在该线的长度范围内生成双跑楼梯。不论线多短，生成的楼梯保持两梯段宽度同上述定义的梯井宽度，不论线多长，其梯段宽度保持不变，只改变梯井的宽度，如图 2-134 所示。

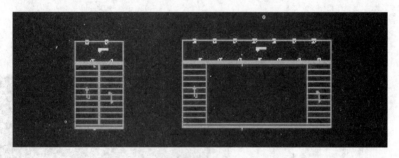

图 2-134

"画楼梯框"：能够输出楼梯框各个组合构件的实物量。

定义一个双跑楼梯，必须先定义一些楼梯的分构件，如图 2-135 所示。

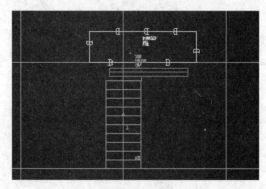

图 2-135

点击"画楼梯框"按钮，绘制楼梯框，如图 2-136 所示。

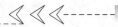

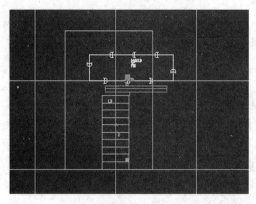

图 2-136

构件查询楼梯框，核对构件可以看到各个组合构件的工程量，如图 2-137 所示。

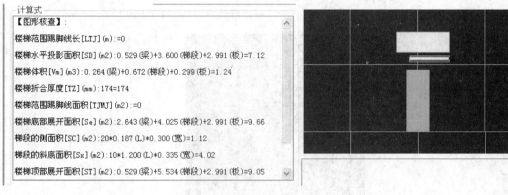

图 2-137

温馨提示：

组合楼梯的各构件一旦布置到界面中后，就分解了，要修改只能个别修改。可以将多余的构件进行删除。

楼梯底部生成的水平面积可以用拖拽夹点的方式将面积范围缩小，不能扩大。这是因为，面积向上搜寻不到超出的楼梯构件；缩小则不同，因为只要向上搜索得到楼梯构件，就可计算楼梯面积。

2.9　门窗洞

2.9.1　门　窗

功能说明：门窗布置，包括门、窗、墙洞、门联窗的布置。

菜单位置：【门窗洞】→【门窗】。

命令代号：mcbz。

在"构件编号"对话框中新建编号时，注意将光标选择到对应的门、窗、墙洞、门联构件

名称上，再进行新建操作，否则会影响计算结果。其余定义方式同独基说明，略。

门窗"布置方式选择栏"如图 2-138 所示。

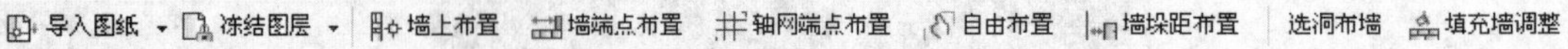

图 2-138

温馨提示：顶高度或者离楼地面高，修改任意一项，其另一项的值会联动变化。其他内容同独基说明。

门窗编号定义中的属性说明：

材料类型：指定门窗所属材料类型，如木材、铝合金等，并涉及清单、定额的换算。

名称：门窗的名称，如单开无亮门、双开有亮推拉门等。

截面形状：是指门窗安装后的立面形状，涉及清单、定额的换算，用户可在展开列表内选取。若列表内没有的形状，请用异形处理，缺省为矩形。

框材厚：指门窗框的材料厚度，涉及门窗扇的宽度取值，如图 2-139 所示。

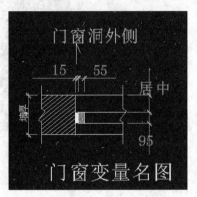

图 2-139 门窗定义的属性名图示

材宽：指门窗框的材料宽度，涉及装饰工程洞口侧边的取值。

门扇高：指带亮门的门扇高度，涉及门扇高度的取值。

开启方式：指门窗扇的开启方式，有推拉、平开等方式，涉及清单、定额的挂接。

后塞缝宽：指门窗框尺寸与洞口尺寸间的缝隙，涉及计算工程量时的取值。

立樘边离外侧距：门窗框安装后框材宽边沿与墙体外表面相离的水平距离，关系到装饰工程洞口侧边的取值。

墙洞、门、窗、门联窗的布置方式一样，这里以墙洞来说明，首先定义墙洞编号。

1. 墙上布置

执行该命令后，命令行提示："[墙上布置<退出>或/墙端点（Q）/轴网端点（T）/点布置（D）/墙垛距布置（J）]"，根据提示，在需要布置洞口的墙上点取插入点，则会在插入位置生成洞口。

2. 墙端点布置

执行该命令后，命令行提示："[墙端点布置<退出>或/墙上布置（O）/轴网端点（T）/点布置（D）/墙垛距布置（J）]"，通过改变端头来确定洞口在墙上的位置。点取插入点后，就会在动态洞口图形的位置处生成洞口。

3. 墙垛距布置

执行该命令后，命令行提示："[墙垛距布置<退出>或/墙上布置（O）/墙端点（Q）/轴网端点（T）/点布置（D）]"，通过改变墙垛距来确定洞口在墙上的位置。点取插入点后，就会在动态洞口图形的位置处生成洞口。

4. 轴网端点

执行该命令后，命令行提示："[轴网端点布置<退出>或/墙上布置（O）/墙端点（Q）/点布置（D）/墙垛距布置（J）]"，同"墙端点布置"类似，但洞口位置的计算方式不同。墙端点是洞口边离墙端头距离，本项是洞口离轴线交点距离。如当端头距都设置为 370 mm 时，可看到两种布置方式的差异，如图 2-140 所示。

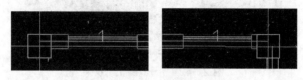

图 2-140

5. 精确布置

执行该命令后，命令行提示："[自由布置<退出>或/墙上布置（O）/墙端点（Q）/轴网端点（T）/墙垛距布置（J）]"，光标在界面中任意位置点击，就会在点击的位置生成一个门窗洞口。

温馨提示：

（1）定位方式输入栏里的端头距是指门窗边离墙端头的距离；轴线交点端距离布置方式里的端头距是指门窗边离相邻轴线交点的距离。

（2）立樘外侧距涉及装饰里的侧壁工程量计算，应准确设置。

（3）门窗上的箭头表示门窗洞口外侧装饰面的方向。布置时，光标点击墙中线的内外侧，生成门窗或洞口的方向也会随着改变。注意按正确的外侧装饰方向布置门窗，否则会影响装饰工程量计算（参见轴网端点布置示意图）。

关于带窗的操作说明：

在定义窗编号时，截面形状选项内有个"带形"选项，选择该类型的窗表示在墙上布置的是带形窗。定义带形窗时，其窗的宽度不需要定义，在界面上的墙上画多长，窗就是多宽。指定窗的高度后，回到布置界面。

这时看到"属性列表栏"内显示的窗截面形状是"带形"，如图 2-141 所示。

图 2-141 显示窗的截面形状

这时"布置方式选择"也有变化，多了一个" 布置带形窗 "按钮。

命令栏提示："[输入带形窗的起点<退出>或/墙上布置（O）/墙端点（Q）/轴网端点（T）/点布置（D）]"，根据命令栏提示，光标移至界面上需要布置带形窗的墙上点取带形窗的一点，接着命令栏又提示："[请输入带形窗的终点]"，根据提示将光标移至带形窗的终点点击，一个带形窗就生成完毕，如图 2-142 所示。

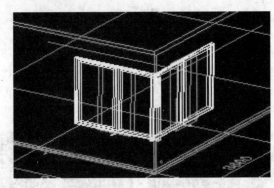

图 2-142　带形窗布置效果

温馨提示：带形窗每次布置只能在一堵墙上布置，跨过墙段将不能生成连通的窗。弧形带形窗也是点击带形窗的起点和终点进行布置。

2.9.2　飘窗布置

功能说明：飘窗布置。
菜单位置：【门窗洞】→【飘窗】。
命令代号：pcbz。
定义方式同独基。
飘窗"布置方式选择栏"如图 2-143 所示。

导入图纸 ▾ 冻结图层 ▾ 墙上布置 精确布置 轴网端点 构件分解

图 2-143　飘窗布置方式选择栏

布置方式同门窗。

2.9.3　老虎窗

功能说明：老虎窗布置。
菜单位置：【门窗洞】→【老虎窗】。
命令代号：lhc。
定义方式同独基。
老虎窗"布置方式选择栏"如图 2-144 所示。

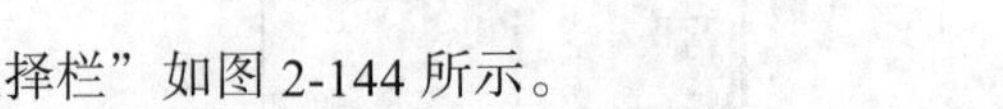

导入图纸 ▾ 冻结图层 ▾ 单点布置 构件分解

图 2-144

布置方式同独基。布置上的老虎窗，如图 2-145 所示。

图 2-145 　布置上的老虎窗图形

2.9.4 　洞口边框

菜单位置：【门窗洞】→【洞口边框】。

命令代号：scbk。

点击左侧屏幕菜单的"门窗洞口"→"洞口边框"菜单，或者直接输入命令 scbk，弹出如图 2-146 所示的对话框。

图 2-146 　"洞口边框布置"对话框

对话框由以下三部分内容组成：

（1）选择洞边生成洞口边框。

可以设置需要生成洞口边框的构件，一般有门、窗、门联窗、墙洞几种构件。

（2）洞口边框属性。

洞口边框的构件属性，设截宽 B，截高 H，截宽缺省 60 mm，截高缺省同墙厚，都可以由用户输入具体值。当截高尺寸大于墙厚时，视为墙外侧突出门窗套，边框与墙内侧平齐。

（3）生成条件。

可以设置墙洞生成洞口边框的尺寸范围，当缺省为墙大于 1 500 mm 时，生成洞口边框。提供"＞"和"≤"两种关系符，数值可以选择和修改。

设置完成，点击"自动生成"按钮，可看到如图 2-147 所示的工程效果。

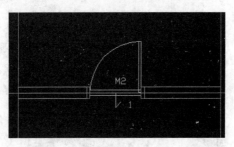

图 2-147

温馨提示：边框高同洞口高由程序内控，不需要与用户交互。当在门联窗侧边设置时，有窗之侧只设置窗边，窗台以下不设置。当截高尺寸大于墙厚时，视为墙外侧突出门窗套，边框与墙内侧平齐。

2.10 装 饰

2.10.1 房间布置

功能说明：布置房间。
菜单位置：【装饰】→【房间】。
命令代号：fjhz。
在软件中，房间内装饰的计算通过布置装饰构件来实现。例如装饰菜单的"地面布置""侧壁布置"和"天棚布置"，其中侧壁构件包含了踢脚、墙裙和墙面这三种装饰构件。为了方便布置，软件还提供"房间布置"功能，可以同时布置一个房间内的地面、侧壁和天棚。

如图 2-148 所示，进入房间的定义编号界面，可以看到左边的构件树除了房间外，还有楼地面、侧壁和天棚，在这个界面中可以同时定义这四种构件的编号。而房间实际上是由地面、侧壁和天棚这三类构件组成的，它本身不是一个构件，因此在定义编号之前，必须首先定义地面、侧壁和天棚的编号。

图 2-148

房间是一个组合构件，定义方式同组合楼梯说明。需注意的是，侧壁构件在定义高度范围时不能相互冲突，如墙裙高度为 1 200 mm，而墙面的起点高又定为 1 000 mm，这样会造成计算错误。

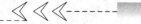

房间"布置方式选择栏"如图 2-149 所示。

📄 导入图纸 ▾　📄 冻结图层 ▾　🖊 手动布置　🗘 智能布置 ▾　🗘 布置辅助 ▾　🔠 区域延伸　🖐 调整夹点　🖧 构件分解

图 2-149

布置方式参照板的布置。

温馨提示：房间定义时，要在房间的编号中选择侧壁、地面和天棚等子构件的编号，如果这些子构件没有被选择，就无法布置房间。如果构件的高度经过调整，已经超过了层高的话，请将房间侧壁高度调整到适合构件的高度，否则继续沿用"同层高"，侧壁高将会丢失构件超过层高部分的装饰量。

2.10.2　地面布置

功能说明：地面布置。

菜单位置：【装饰】→【地面】。

命令代号：dmbz。

首先定义地面编号，在楼地面节点下新建一个地面编号，依据建筑说明，修改地面属性。

若材料类别不同，地面的计算规则就会不一样，应正确设置材料类别。在软件中，防水层面积等于地面面积与卷边面积之和。

地面属性设置完成，点击布置，楼地面"布置方式选择栏"如图 2-150 所示。

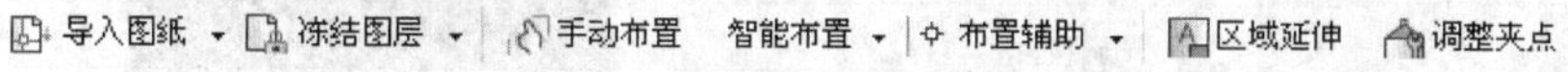

📄 导入图纸 ▾　📄 冻结图层 ▾　🖊 手动布置　🗘 智能布置 ▾　🗘 布置辅助 ▾　🔠 区域延伸　🖐 调整夹点

图 2-150

布置方式参照板的布置。

2.10.3　天棚布置

功能说明：天棚布置。

菜单位置：【装饰】→【天棚】。

命令代号：tpbz。

在天棚节点下新建一个天棚编号，依据建筑设计说明，天棚的属性设置如图 2-151 所示。

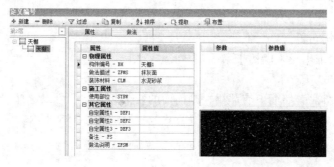

图 2-151

编号定义完成，点击布置，天棚"布置方式选择栏"如图 2-152 所示。

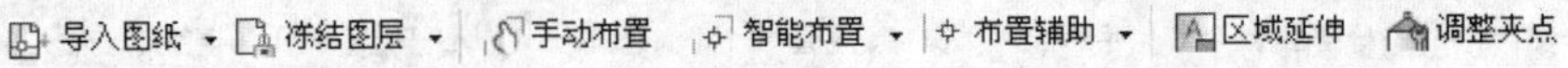

导入图纸 ▼ | 冻结图层 ▼ | 手动布置 | 智能布置 ▼ | 布置辅助 ▼ | 区域延伸 | 调整夹点

图 2-152

布置方式参照板的布置。

2.10.4 踢脚布置

功能说明：踢脚布置。

菜单位置：【装饰】→【踢脚】。

命令代号：bztj。

在踢脚节点下新建一个踢脚编号，依据建筑设计说明修改踢脚属性，如图 2-153 所示。

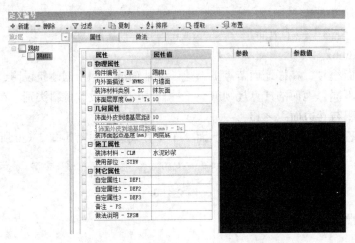

图 2-153

踢脚编号定义完成，单击布置，踢脚"布置方式选择栏"如图 2-154 所示。

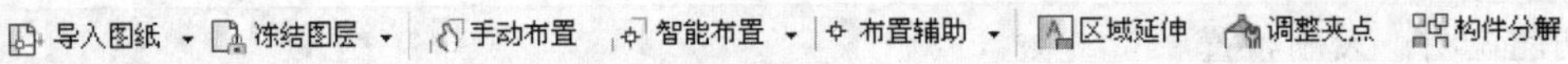

导入图纸 ▼ | 冻结图层 ▼ | 手动布置 | 智能布置 ▼ | 布置辅助 ▼ | 区域延伸 | 调整夹点 | 构件分解

图 2-154

2.10.5 墙裙布置

功能说明：墙裙布置。

菜单位置：【装饰】→【墙裙】。

命令代号：qqbz。

定义方式同踢脚。若墙面下有墙裙，则前面的装饰起点高度可以选择"同墙裙顶"。

编号定义完成，点击布置，墙裙"布置方式选择"如图 2-155 所示。

导入图纸 ▼ | 冻结图层 ▼ | 手动布置 | 智能布置 ▼ | 布置辅助 ▼ | 区域延伸 | 调整夹点 | 构件分解

图 2-155

布置方式参照板的布置。

2.10.6 墙面布置

功能说明：墙面布置。

菜单位置：【装饰】→【墙面】。

命令代号：qbz。

定义方式同独基。

墙面"布置方式选择栏"如图 2-156 所示。

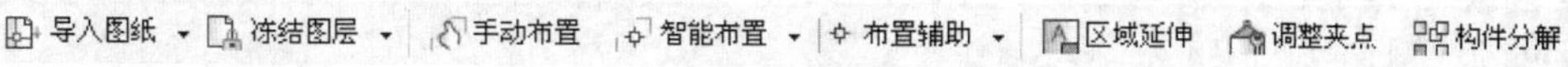

图 2-156

布置方式参照板的布置。

2.10.7 其他面布置

功能说明：其他面布置。

菜单位置：【装饰】→【其他面】。

布置方式参照墙面的布置。

2.10.8 屋面布置

功能说明：屋面布置。

菜单位置：【装饰】→【屋面】。

命令代号：wmbz。

定义方式同板。

屋面"布置方式选择栏"如图 2-157 所示。

图 2-157

1. 布置平屋面

先将屋面的轮廓绘制出来。用"手动布置"方式和"智能布置"方式都是先将屋面的轮廓进行生成，操作方法同板的布置。

屋面轮廓生成后，单击" 屋面编辑 "按钮，这时命令行提示："[请选择屋面]"，光标到界面中选择需要编辑的屋面，选中的屋面为亮显状态，这时命令栏又提示："屋面编辑的高度模式—绝对标高/相对标高（A）"，根据提示，在命令栏内输入屋面的标高。这里的绝对标高指标高从 ±0.000 算起，相对标高指从当前楼面算起。如果在编号定义内已经将"屋面顶高"设置为同层高，在此处则可用"相对标高"来确定屋面高度。如果高度模式不需要改动，则直接回车，

命令栏又提示："请选择要输入高度的点<退出>或 [设置卷边高（B）/切割绘制线找坡区域（V）/退出（Q）]"。

如果平屋面是由多个找坡区域构成，则应将每一个区域做成一个找坡区域，使用"切割绘制找坡区域（W）"的功能将屋面分成若干区域。执行该功能后，命令栏又提示："请输入找坡区域的起点<退出>或 [设置高度（H）/设置卷边高（B）/退出（Q）]"。

在屋面中分块绘制找坡区域，根据提示，光标点击当前找坡区域的起点，并依照命令栏提示将一个区域绘制封闭，之后命令栏又提示："布置汇水点/布置汇水线（L）"。

"布置汇水点"：在区域内点击一点，表示找坡的方向是将区域内的水流向这个点。

"布置汇水线"：在区域内根据命令栏提示绘制找坡线，表示找坡的方向是顺找坡线将水流向坡度的底部。这里用"布置汇水线"作相关说明。执行该命令后，命令栏提示："布置汇水线起点方向/布置汇水点（P）"。

根据提示，光标置于找坡区域顺流水方向的起点并点击，命令栏提示："请输入水流的方向的终点"。

根据提示，画一直线至水流方向的终点并点击，命令栏提示："请输入起坡角度的正切值"，在命令栏内输入找坡值，如 0.05，回车，一块找坡区域就布置完成，并依次进行下一个找坡区的编辑，直至将所有区域编辑完成。

2. 坡屋面布置

点击"　手画坡屋面　"按钮，执行坡屋面布置命令。根据命令栏提示，在界面上生成屋面轮廓，封闭后，命令栏又提示："输入屋面的脊线的起点"，光标置于屋面轮廓上有脊线的位置，点击屋脊线的起点，命令栏又提示："请输入下一点<退出>或[圆（A）]"。

根据提示，如果屋脊线是弧线，则按照绘制圆弧的方式将脊线绘制至脊线的终点；若是直线，就将光标置于脊线终点点击，这时命令栏会继续提示绘制脊线。如果还有脊线，可以依据提示继续绘制脊线；如果脊线绘制完成，则按右键或回车，这时命令栏提示："输入屋面的阴、阳角线的起点"。如果是多坡面的坡屋面，则坡面与坡面相交必定产生坡屋面的阴脊线和阳脊线，软件内称为阴、阳角线。如果坡屋面是组合式多坡面的，则继续根据命令栏提示在相应的位置绘制坡屋面的阴、阳角线；如果没有，则按继续右键或回车，这时弹出"输入屋面的高度"对话框，如图 2-158 所示。

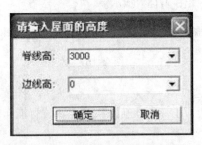

图 2-158　输入屋面的高度对话框

（1）在"脊线高"栏内输入屋面的脊线高，脊线高的起点是以当前楼层的楼面为"0"点。

（2）在"边线高"栏内输入屋面的檐口线高，檐口线高的起点也是以当前楼层的楼面为"0"点，设置好高度，点击"确定"按钮，一个坡屋面就生成了，如图 2-159 所示。

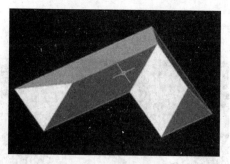

图 2-159 坡屋面

3. 输入角度生成坡屋面

点击"角度布置"按钮，根据命令栏提示，绘制屋面边框轮廓。按右键后，弹出"屋面各边的坡度"输入对话框，如图 2-160 所示。

图 2-160 坡屋面各边的坡度输入对话框

点击对话框中某条记录，屋面轮廓线上对应的线会亮显，根据设计坡度输入数据，最后点击"确定"，屋面就生成了，如图 2-161 所示。

图 2-161 坡屋面坡度输入生成的坡屋面

温馨提示：如果已将布置的板进行了变斜，可以执行屋面随板斜的功能将屋面变斜。

4. 选墙布置

点击"选墙布置"按钮，根据命令栏提示，选择可以组成封闭的墙来组成屋面边框轮廓，点击"确定"按钮，弹出"屋面各边的坡度"输入对话框，如图 2-162 所示。

图 2-162 坡屋面坡度和外扩值输入对话框

点击对话框中某条记录，屋面轮廓线上对应的线会亮显，根据设计坡度和外扩值填入数据，最后点击"确定"按钮，屋面就生成了，如图 2-163 所示。

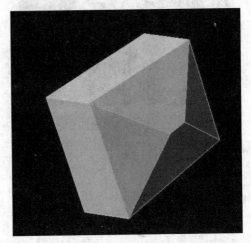

图 2-163　墙布置输入坡度和外扩值生成的坡面

2.10.9　生成立面

功能说明：在"立面装饰层"生成所有楼层的外墙面装饰构件。在生成的时候，按用户的选择划分为墙面、梁面、柱面等。

菜单位置：【装饰】→【立面装饰】→【生成立面】。

命令代号：sclm。

执行该命令后，弹出构件筛选对话框，如图 2-164 所示。

图 2-164　构件筛选对话框

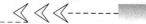

"楼层"：显示所有楼层的列表，并在选中的楼层里生成立面装饰或立面洞口构件。

"面"：划分为墙面，并生成墙立面装饰构件的编号。

"柱面"：划分为柱面，并生成柱立面装饰构件的编号。

"柱面条件（mm）"：划为柱面的条件，即看柱凸出墙面的距离的多少来划分，若选择"不生成"，则不形成柱面。

"柱构件类型"：划分为柱面的构件的类型。即勾上的构件在算时可能划分为柱面，不勾的构件在计算时只能划分为墙面。

"梁面"：划分为梁面，并生成的立面装饰构件的编号。

"梁面条件（mm）"：划分为梁面的条件，即看梁凸出墙面的距离的多少来划分，若选择"不生成"，则不形成梁面。

"梁构件类型"：划分为梁面的构件的类型。即勾上的构件在计算时可能划分为梁面，不勾构件在计算时只能划分为墙面。

"洞口"：划分为洞口，并生成的立面洞口构件的号。

"生成洞口构件"：确定哪些构件会生成立面洞口构件。勾上的构件会生成立面洞口构件，不勾上的则不生成立面洞口构件。

"开始生成"：开始执行批量处理，在立面装饰层生成构件。

操作说明：在勾选好界面参数后，程序会分析所选择的楼层是否先前已经生成为立面装饰/洞口，若有，则会进一步提示用户，如图 2-165 所示。

图 2-165　确实勾选覆盖对话框

"楼层"：所有已经生成立面装饰/洞口的楼层的列表。在此勾选上的楼层在生成立面之前会清除已有的立面装饰/洞口。

2.10.10　立面展开

功能说明：选择立面装饰构件进行展开，展开后方便用户在一个展开的水平面上进行编辑修改，最后会有一个退出展开的命令将修改的结果反馈到立面装饰构件。

菜单位置：【装饰】→【立面装饰】→【立面展开】。

命令代号：lmzk。

（1）选择立面展开构件。

若选择的是单段侧壁生成的装饰，则提示是否对此单段装饰执行展开？[Yes（Y）/No（N）]：这时，输入Y，则程序将按此单段装饰的投影线条搜索构件进行展开，进入楼层选择对话框。若输入N，则程序将继续让用户选择，进入选择立面展开终止构件。

选择成功后，则程序执行搜索路径。若搜索的路径有多条，则提示：是这一条路径吗？　[Yes（Y）/No（N）]：这时屏幕上会出现一条多义线表示当前确认的路径，若用户认为是对的，则输入Y，然后进入楼层选择对话框;否则输入N，程序会继续提问，直到用户确认一条路径为止。中间用户若想中止操作，按【Esc】键即可。

若选择的是多段侧壁生成的立面装饰，提示选择立面展开终止构件：选择另一个立面装饰构件，选择成功后，则程序执行搜索路径。若路径合法，则进入弹出楼层选择对话框。若有多条路径，则重复上述操作。若路径不合法，则提示相应的错误信息并退出命令。

（2）在弹出的对话框中，选择要展开的楼层，如图2-166所示。

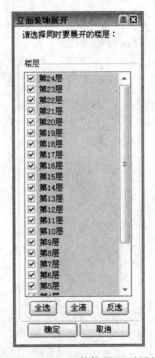

图2-166　立面装饰展开对话框

"楼层"：所有楼层的表,按照前面分析确定的路径在勾选的楼层里查找立面装饰/洞口构件，并按路径往X正方向拉直的计算方法，将立面装饰/洞口展开到XY平面，同时显示出标高等信息，如图2-167所示。

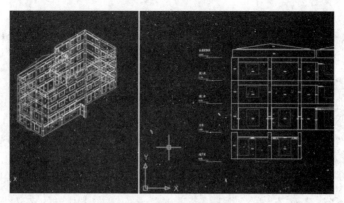

图 2-167　平面展开图

"不支持对空间斜面，水平面或洞口作为终止构件进行展开"—— 选择终止构件时，不支持选择立面洞口，梁底面以及其他一些非立面的装饰构件。

"选择构件不是一个楼层的，暂不能展开!"—— 选择的两个立面装饰不是一个楼层，暂不能展开。

"找不到展开的路径，请检查路径之间是否有空隙。"——不同的侧壁生成的立面装饰若想一次性展开成功，要求侧壁首尾相接，差不超过 1 mm。

"找不到展开的路径，请检查是否误删除了某些构件。"——某些 CAD 的底层操作可能会造成删除某些数据。一般不会出现，若出现此提示，可能要求重新生成立面，否则无法展开。

"封闭的路径默认按逆时针展开!"——若原侧壁构件是封闭的路径，则在展开时只按逆时针展开。所以，若想完整地选择一个封闭的路径，顺时针选择相邻的两条边。

"非封闭的路径默认去除两端后展开"——若原侧壁构件是不封闭的路径，则展开方向是从起点到终止，展开选择的两个边以及所有处于这两个边中间的边。

2.10.11　退出展开

功能说明：在立面展开后，若想回到立面展开的状态继续操作，调用此命令。命令执行时会将修改（包括多义线的调整，做法、属性等的调用）后的结果反馈到原来的立面装饰构件中。

菜单位置：【装饰】→【立面装饰】→【退出展开】。

命令代号：tczk。

2.10.12　立面切割

功能说明：在立面展开后，将某些立面装饰拆分，或者将某些立面装饰合并。

菜单位置：【装饰】→【立面装饰】→【立面切割】。

命令代号：lmqg。

（1）选择要拆分的装饰面，或[切换到合并（S）]:这时，输入 S，则退出命令，下次执行命令时直接进入合并装饰面界面或选择构件。执行命令后，根据命令行提示：拾取拆分线上的起点，或拾取拆分线的角度。

（2）选择要合并的装饰面，或[切换到拆分（S）]：

这时，输入 S，则命令退出，下次执行命令时重复上一步操作；或选择构件，选择后，程序将这些选择的立面装饰或洞口合并成一个构件。

提示信息解释：

"立面装饰不能与立面洞口合并!"。

"属性或做法不相同，是否继续执行合并?"——若选择的立面装饰或洞口，属性不相同（指除了"所属楼层""面积""周长""轴网信息"等以外的其他属性），挂接做法不相同的，继续合并会丢失数据。

"区域合并不了!"——若选择的立面装饰或洞口的多线未形成封闭区域，则有此提示。

"合并后区域不唯一，暂不支持!"——若选择的立面装饰或洞口的多义线合成了多个区域，则继续执行会生成多个构件，而新生成的构件无法确定唯一的属性或做法，故不支持。

2.11　其他构件

2.11.1　栏板布置

功能说明：栏板布置。

菜单位置：【其他构件】→【栏板】。

命令代号：lbz。

定义方式同墙。

栏板"布置方式择栏"如图 2-168 所示。

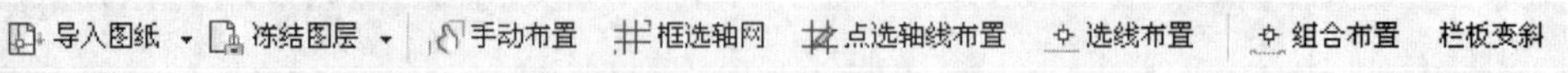

📄 导入图纸 ▾ 📄 冻结图层 ▾ ┃ 手动布置 ╫ 框选轴网 ⊿ 点选轴线布置 ✧ 选线布置 ✧ 组合布置 栏板变斜

图 2-168

在定义编号界面的"截面形状"选择栏，点击下拉按钮，弹出"选择形状截面"对话框。点击新增截面按钮，返回软件界面，命令行提示：输入构件截面名称"退出"，再输入一个名称后，用户即可在软件界面上画上所需的异形栏板截面，定义好构件的定位点（重心）后，按右键确认，即一个异形界面的栏板定义完成，如图 2-169 所示。

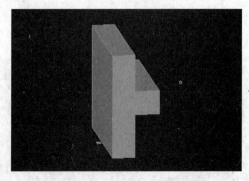

图 2-169　异形栏板布置效果图

2.11.2　压顶布置

功能说明：压顶布置。

菜单位置：【其他构件】→【压顶】。

命令代号：ydbz。

定义方式同扶手。

压顶"布置方式选择栏"如图 2-170 所示。

导入图纸 ▾　冻结图层 ▾　手动布置　选洞口布置　选墙布置　选线布置　自动布置　组合布置　压顶变斜

图 2-170

"选洞布置"：选洞口布置是将压顶布置到窗台上，用于窗台防水防裂。

其他布置同扶手，组合布置同圈梁。

2.11.3　栏杆布置

功能说明：竖悬板布置。

菜单位置：【其他构件】→【栏杆】。

命令号：lgbz。

定义方式同墙。

栏杆"布置方式选择栏"如图 2-171 所示。

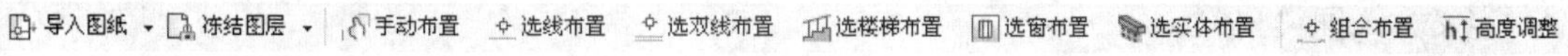

导入图纸 ▾　冻结图层 ▾　手动布置　选线布置　选双线布置　选楼梯布置　选窗布置　选实体布置　组合布置　高度调整

图 2-171

"选楼梯布置"：因为楼梯是斜的，楼梯布置的栏杆会依照楼梯选形，因而布置的栏杆就是斜的。

"选实体布置"：选择的实体只要是有形的，即可布置栏杆。

其他布置同扶手，组合布置同圈梁。

1. 选楼梯布置

执行该命令后，命令行提示："[<退出>或手动布置（Q）选实体布置（S）]"。根据命令栏提示，光标选取界面中需要布置的栏杆，点击右键，这时命令栏又提示："[两边/左边（L）/右边（R）]:"，提示将栏杆置于梯段的左边还是右边还是两边都布置，根据实际情况在命令栏内输入"L"或"R"字母，回车，就将栏杆布置到选中的楼梯段上了，如图 2-172 所示。

图 2-172　楼梯段上的栏杆布置

温馨提示：对于栏杆在梯段上的左右定义，是人站梯段的起跑端，左手边为"左边"，右手边为"右边"。

2. 选窗布置

执行该命令后，选择需要布置栏杆的窗户，单击右键，栏杆就布置上了。选窗布置栏杆结合扶手布置的场景，如图 2-173 所示。

图 2-173　选窗布置栏杆效果图

其余布置方法参照扶手说明。

2.11.4　扶手布置

功能说明：扶手布置。

菜单位置：【其他构件】→【扶手】。

命令代号：fsbz。

定义方式同梁。

扶手"布置方式选择栏"如图 2-174 所示。

> 导入图纸 ▼ ┃ 冻结图层 ▼ ┃ 手动布置 ┃ 选构件布置 ┃ 选线布置 ┃ 选梯段台阶布置 ┃ 组合布置 ┃ 高度调整

图 2-174

"选实体布置"：通过选取实体（如栏杆）来布置扶手，扶手长度等于实体长度。

其他布置同圈梁。

执行该命令后，命令行提示："[手动布置<退出>或手动布置（Q）]"。根据提示在界面上选取实体，如选择栏杆，扶手就布置上了，如图 2-175 所示。

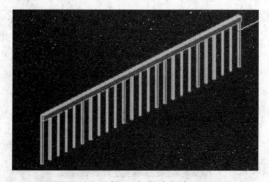

图 2-175　扶手布置在栏杆顶上

2.11.5　挑檐天沟

功能说明：竖悬板布置。

菜单位置：【其他构件】→【竖悬板】。

命令代号：tytg。

定义方式同条基。

挑檐天沟"布置方式选择栏"如图 2-176 所示。

📝 导入图纸 ▾　📄 冻结图层 ▾　　📐 手动布置　🔶 选实体布置　✛ 选线布置　h﹗ 高度调整

图 2-176

温馨提示：

挑檐天沟、扶手、腰线、异形（指非矩形）截面梁、自定义体等构件都是路径曲面体。所谓路径曲面体就是将一个 *XY* 平面上的闭合曲线，作为构件的截面，沿某个路径曲线拉伸形成的。在拉伸的时候，截面的定位点始终在路径曲线上，并从起点向终点拉伸。在布置时，要综合考虑截面定位点、截面镜像以及路径的行走方向，才能得到与设计图纸一致的结果。

在选墙布置的时候，选择墙的中线作为布置用路径曲线，所以选择两个同样的墙。若墙的走向不相同，即墙起点和终点不同时，则布置的结果也不相同。另外，对于可封闭的构件（指除了梁以外的构件），若路径曲线是闭合的，将形成环状的路径曲面体。

2.11.6　腰线布置

功能说明：腰线布置。

菜单位置：【零星构件】→【腰线布置】。

命令代号：yxbz。

腰线的定义和布置等方式均同压顶、挑檐天沟的说明。

2.11.7　脚手架

功能说明：布置脚手架，脚手架分平面和立面两种形式，两种形式都用脚手架功能布置。

菜单位置：【零星构件】→【脚手架】。

命令代号：jsj。

定义方式同板。

脚手架"布置方式选择栏"如图 2-177 所示。

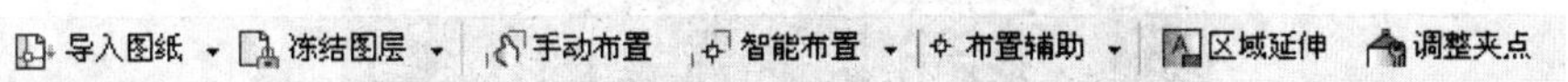

📝 导入图纸 ▾　📄 冻结图层 ▾　　📐 手动布置　✛ 智能布置 ▾　✛ 布置辅助 ▾　📐 区域延伸　🖙 调整夹点

图 2-177

"底高度"：输入脚手架的底高度，底高度如果是负值，则会将此值加入到搭设高度内；如果是正值，则会在搭设高度内扣除。

"搭设高度"：对于平面计算的脚手架，本项可以暂不考虑；对于计算立面的脚手架，则应

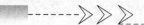

在此确定脚手架的搭设高度。

布置方式参照板的布置。

温馨提示：对于单段脚手架，直接画线布置，不需要将轮廓绘制封闭。

2.11.8　节点装饰

功能说明：节点装饰。

菜单位置：【其他构件】→【节点构件】→【节点装饰】。

命令代号：jdst。

（1）在已有装饰面的情况下，可以为节点构件加上需要的已经定义好的装饰面。点击"节点装饰"切换到"节点装饰"界面，点击"新建装饰"，之前已经在装饰构件中定义的装饰面就提取到节点构件中来了，如图 2-178 所示。

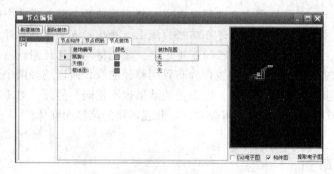

图 2-178　节点装饰

（2）将装饰面提取到界面中后，即可作为节点构件的装饰面。点击"装饰编号"→"装饰范围"栏下拉按钮，弹出选择对话框，如图 2-179 所示。

图 2-179

（3）在节点电子图上提取装饰面和截面线条，如图 2-180 所示。

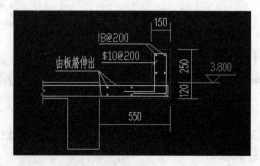

图 2-180

（4）为构件定义上装饰面后，分析统计即可查看装饰工程量，如图 2-181 所示。

序号	构件名称	工程量名称	工程量计算式	工程量	计量单位	换算计算式	分组编号
1	悬挑板	悬挑板模板面积 (m2)	SD+SDZ	1.57	m2	普通木模板;	室内
2	悬挑板	悬挑板体积组合 (m3)	Vm+VZ	0.23	m3	混凝土:预拌商品砼;非泵送:外墙宽度(<=0.5;	室内
3	墙面	墙面面积组合 (m2)	SQm+SQmZ+SQmf+SQ	2.96	m2		室内
4	墙面	轻墙面面积 (m2)	SQm+SQmZ	2.96	m2		室内
5	天棚	天棚面积组合 (m2)	Sm+SZ	0.90	m2	0;做法描述:抹灰面;0;	室内

图 2-181

2.11.9　台阶布置

功能说明：台阶布置。

菜单位置：【其他构件】→【台阶布置】。

命令代号：tjhz。

定义方式同扶手。

台阶"布置方式选择栏"如图 2-182 所示。

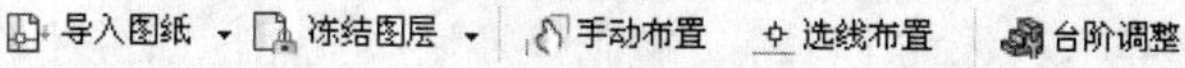

导入图纸　冻结图层　手动布置　选线布置　台阶调整

图 2-182

布置方式同条基。

台阶调整：

第 1 步：点击台阶调整执行命令 tjhz，提示："选择一个路径封闭的台阶:"。

第 2 步：选取路径封闭的台阶，按右键确认，提示："选择起始边:"。

第 3 步：在 CAD 界面中，选择台阶的一边作为起始边，提示："选择终止边，沿路逆时针走过的边将行成台阶，内部形成台阶芯:"。

第 4 步：选台阶的另一边作为终止边，就会形成具有台阶芯的台阶。

2.11.10　坡道布置

功能说明：坡道布置。

菜单位置：【其他构件】→【坡道布置】。

命令代号：pdbz。

定义方式同条基。

坡道"布置方式选择栏"如图 2-183 所示。

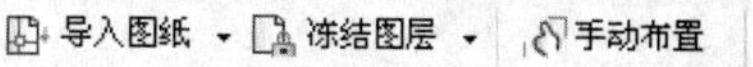

导入图纸　冻结图层　手动布置

图 2-183

执行该命令后，命令行提示："请输入坡道的边框（第一条边为顶边）<退出>"。根据命令栏提示，光标置于界面中需要布置坡道的位置绘制坡道的顶边线。（注意：坡道轮廓的第一条线必须是坡道的顶边线。）接下来根据命令栏提示将坡道的轮廓绘制完成，轮廓封闭，一个坡道就形成了。

温馨提示：绘制坡道的轮廓边线只能是四条边，可以是梯形、弯曲等平面形状，但边线不能少于和大于四条边。

2.11.11　散水布置

功能说明：散水布置。

菜单位置：【其他构件】→【散水布置】。

命令代号：ssbz。

定义方式同扶手。

散水"布置方式选择栏"如图 2-184 所示。

图 2-184

执行该命令后，命令行提示："手动布置<退出>"。根据提示在需要布置散水的墙边点取散水的起点，之后光标移至墙边缘的下一点，碰到弧形墙段就用前面讲述的弧形绘制方法，依次绘制到散水的终点，点击右键，散水就在墙边室外地坪生成了，如图 2-185 所示。

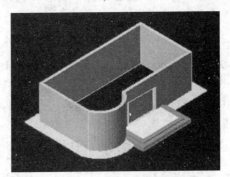

图 2-185　散水布置效果

2.11.12　防水反坎

功能说明：防水反坎布置。

菜单位置：【其他构件】→【防水反坎】。

命令代号：fsfk。

定义方式同墙。

防水反坎"布置方式选择栏"如图 2-186 所示。

图 2-186

1. 手动布置

布置方式同墙。

2. 选墙布置

（1）建立一个有洞口的砌体墙场景，如图 2-187 所示。

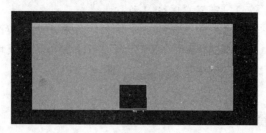

图 2-187

（2）选择要布置的防水反坎编号，点击"选墙布置"方式，选择要布置防水反坎的砌体墙后，按右键确认，防水反坎就布置在墙上了，如图 2-188 所示。

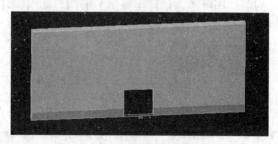

图 2-188　选墙布置效果

3. 选楼地面布置

（1）建立一个楼地面四周有砌体墙的场所，如图 2-189 所示。

图 2-189

（2）选择要布置的防水反坎编号，点击"选楼地面布置"方式，选择有砌体墙的楼面，按右键确认，防水坎就布置在墙上了，如图 2-190 所示。

图 2-190　选楼地面布置效果

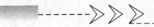

温馨提示：

（1）防水反坎构件的主要属性参照墙体构件属性设置，"选墙布置"和"楼地面布置"只能在非混凝土墙上生成，遇到门窗洞口时会自动打断。

（2）防水反坎的工程量需要输出：防水反坎体积、防水反坎侧模面积。

工程量的扣减关系中，砌墙的体积、面积计算项下添加扣防水反坎。防水反坎的体积、侧面积项下设扣构造柱，且均为已选中项目。

2.11.13　地沟布置

功能说明：沟槽布置，本构件用于结构板，筏板上布置的沟槽。这种沟槽板、筏板有扣减关系，并且可以布置钢筋。对于有挖土方的沟槽，请参照圈梁构件讲述的组合构件布置方式布置沟道。如沟底用条基，沟侧壁用墙体，这样布置出来的沟道才可以计算挖土方、垫层、回填土等工程量。

菜单位置：【其他构件】→【地沟布置】。

命令代号：gcz。

定义方式同台阶。

沟槽"布置方式选择栏"如图 2-191 所示。

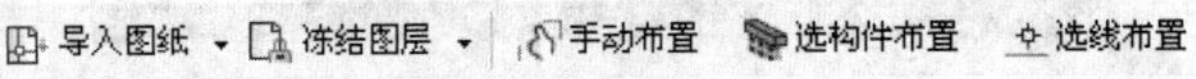

📄 导入图纸 ▾ 🗋 冻结图层 ▾ ｜🖉 手动布置 　🏠 选构件布置 　⬦ 选线布置

图 2-191

2.11.14　建筑面积

菜单位置：【其他构件】→【建筑面积】。

工具图标：【 📖 】。

命令代号：jzmj。

定义方式同脚手架。

建筑面积"布置方式选择栏"如图 2-192 所示。

✖选择 撤销 手动布置 选实体外围 核对构件 调整夹点

图 2-192

"折算系数"：对于需要将建筑面积进行折算的区域，在栏目中输入折算系数再布置，输入的建筑面积就会按系数折算。如计算阳台建筑面积，可以在此输入折算系数"0.5"，输出时，阳台就只计算一半建筑面积。

操作方式同板。

2.11.15　后浇带

功能说明：后浇带布置。

菜单位置:【其他构件】→【后浇带】。

命令代号:hjd。

后浇带定义方式同独基。

后浇带"布置方式选择栏"如图 2-193 所示。

图 2-193

布置方式同梁。

2.11.16 预埋铁件

功能说明:预埋铁件布置。

菜单位置:【其他构件】→【预埋铁件】。

命令代号:ymtj。

执行该命令后,弹出"导航器",点击航器"[...]"按钮,在弹出的"定义编号"对话框中新建一个预埋铁件编号,这时弹出"预埋件"对话框,如图 2-194 所示。

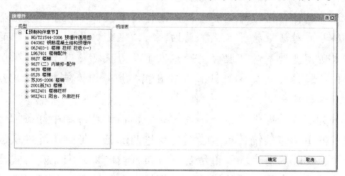

图 2-194 预埋件选择对话框

目前录入到软件中的标准预埋件有国家标准、行业通用标准、地方标准三类,共 12 个图集。对于公共的预埋件并选自标准图集的,称之为准预埋件。在预埋件选择对话框的左侧选择相应图集名称,可展开预埋件类型选择树,选中一个预埋件类型,对话框的右侧即显示该类预埋件的明细表,如图 2-195 所示。

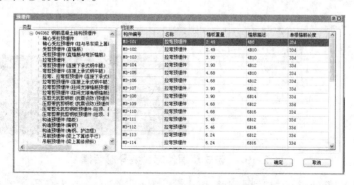

图 2-195 与预埋件类型对应的明细表

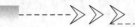

各对话框含义：

"类型栏"：栏内所列的是已纳入到软件中的预埋件标准图集，点开拟选标准图集下的预埋件类型，右边"明细表"内就会显示对应的数据。

"明细表栏"：显示对应类型栏中选中的某类预埋件的所有明细内容，如图 2-195 所示。

在明细表中双击需要的构件编号，即实现对标准预埋件的定义，程序返回"定义编号"对话框，如图 2-196 所示。

图 2-196　点式预埋件定义编号对话框

温馨提示：预埋件选择对话框左侧类型栏内选择树下最低一级子节点名称，实为预埋件名称，对应着"定义编号"对话框的"名称"属性，与"定义编号"对话框中的预埋件"类型"属性并非同义。前者所谓类型是对预埋件用途特性（受力状况或用于何部位）的表征，后者所谓的类型才是预埋件计算特性（以个/米计算重量且锚筋影响因素有别）的反映。下文中未特殊说明的预埋件类型，均指后者。

软件将预埋件分为点式预埋件、带式预埋件、双锚板预埋件和吊筋预埋件 4 种类型。

归集到每个埋件的重量包括锚板重量、锚筋重量两部分。带式预埋件从数据库中取到的是单位长度预埋件重量，实际的每个埋件重量要结合布置长度来确定。除带式预埋件的锚板重量随布置长度变化外，其他三类预埋件的锚板重量都是按个数确定。基于各类预埋件锚筋重量的影响因素不同，软件区别设置了对应的计算属性。

点式预埋件、带式预埋件设锚筋描述、单根锚筋长度计算属性，如图 2-197 所示。

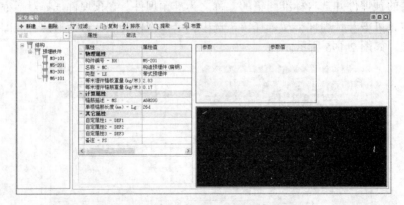

图 2-197　带式预埋件定义编号对话框

"锚筋描述"：钢筋锚筋的描述同钢筋描述。采用角钢筋时，∠为角钢锚筋代号，前边的数

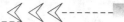

字表示根数，后边依次为角钢肢宽、肢厚（不等边角钢依次为较大肢宽、较小肢宽、肢厚）。修改锚筋描述将改变锚筋重量。

"单根锚筋长度"：支持数值型、算式型。注意锚筋弯钩时，应考虑其展开长度，系统未按锚筋级别判定是否增加弯钩。

双锚板预埋件设锚筋描述、锚板厚度、顺锚筋方向柱宽 3 个计算属性，如图 2-198 所示。

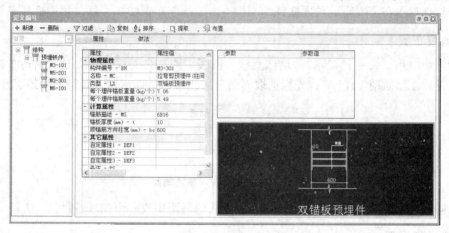

图 2-198 双锚板预埋件定义编号对话框

"锚板厚度"：修改锚板厚度变化只影响锚筋计算长度，不影响锚板重量。

"顺锚筋方向柱宽"：按实定义此属性以确定锚筋计算长度。

吊筋预埋件包括锚筋描述、梁宽、梁高、预埋件中至梁底距离 4 个计算属性，如图 2-199 所示。

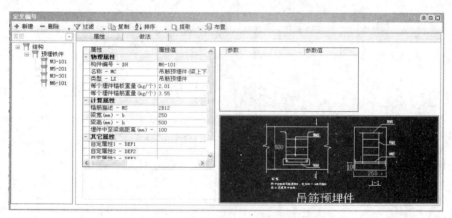

图 2-199 吊筋预埋件定义编号对话框

"梁高""梁宽""埋件中至梁底距离"：按实定义以确定锚筋计算长度。

实际工程中的预埋件，有些虽然来自某一标准图集，但设计注明的锚筋信息与软件从数据库里取到的属性值却不一定吻合；有些选自未纳入软件标准图集或者设计人自行设计的，遇此情况的准标或非标准预埋件，均可利用软件提供的标准数据而稍加修改，即得到所需预埋件重量。预埋件的锚板重量可按实际情况直接修改。将预埋铁件的编号定义好后回到布置界面。

预埋铁件"布置方式选择栏"如图 2-200 所示。

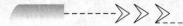

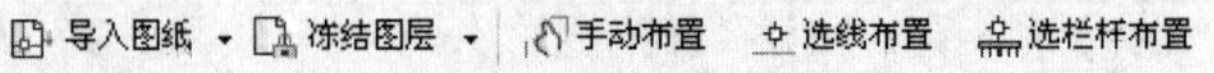

图 2-200

1. 手动布置

执行该命令后，命令栏提示："手动布置<退出>或 [选线布置（Y）/选栏杆布置（G）/撤销（H）]"。根据提示在需要布置预埋铁件的部位点击或绘制布置线条，就将预埋铁件布置上了。

2. 选线布置

执行该命令后，命令栏提示："请选直线，圆弧，圆，多义线<退出>或 [手动布置（E）/选栏杆布置（G）/撤销（H）]"，光标选取界面上的线条，会提示输入间距，如图 2-201 所示。

图 2-201　提示输入布置间距

输入间距，点确认，会在选择的线上每隔输入的间距生成一个预埋铁件。

3. 选栏杆布置

执行该命令后，命令栏提示："选栏杆布置<退出>或 [手动布置（E）/选线布置（Y）]"。选择栏杆后，会要求与选线布置一样输入距离，输入后，点击并确认，就可以在栏杆上每隔输入的间距生成一个预埋铁件。

项目 3　构件识别

3.1　导入设计图

功能说明：导入施工图电子文档。

菜单位置：【导入图纸】→【导入设计图】。

命令代号：drtz。

本命令用于导入施工图电子文档，并通过该命令对电子图纸进行识别建模。执行该命令后，弹出如图 3-1 所示的对话框。

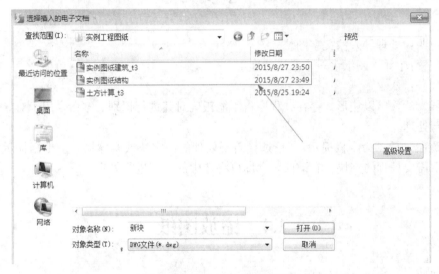

图 3-1　"导入电子图"对话框

温馨提示：

（1）如果绘制电子图的 CAD 版本比三维算量软件所用 CAD 版本高，软件会将当前的 CAD 平台自动转换为高版本。

（2）如果整个工程图的所有图纸都在一个.dwg 图形文件里，则会导致插入电子图非常慢，严重时甚至会引起死机。建议使用 CAD 单独打开各文件，采用写块命令分离各图纸为单个 CAD 文件，如柱图、梁图等。

（3）若打开图纸的 CAD 版本与打开软件的 CAD 版本相同，则可以通过复制、粘贴命令导入图纸。

选择需导入的电子图，单击"确定"按钮，这时对话框消失，将选择的电子图插入到界面中。

快速导入：操作方式同上，只是打开的对话框中没有"高级设置"按钮，导入电子图时不

进行图纸处理，速度较快，但是图纸导入后需要后期处理。

3.2　分解设计图

功能说明：有些以"块"保存的原电子图，导入到软件中时还不能直接使用，需要将导入的电子图进行分解，才能正常进行识别。

菜单位置：【导入图纸】→【分解图纸】。

命令代号：explode。

执行该命令后，命令栏提示："选择对象："。根据提示，光标在界面上选取需要分解的电子图文档，右键回车，即可将选中的电子图进行分解。

3.3　字块处理

功能说明：处理导入的文字图块。

菜单位置：【导入图纸】→【字块处理】。

命令代号：zkzk。

如果导入的文字以块形式存在，程序将不能正确对其进行识别。本命令用于对导入的电子图文字进行处理。

执行该命令后，命令栏提示："请选择需要处理的文字块或实体块："。根据提示，光标在界面上选取需要处理的字块，右键回车，即可将选中的文字进行处理。

3.4　缩放图纸

功能说明：缩放导入的图纸。

菜单位置：【导入图纸】→【缩放图纸】。

命令代号：sftz。

本命令用于对电子图进行比例缩放。为了识别精确，准备识别的电子图须是 $1:1$ 的比例。当导入的电子图比例不符合 $1:1$ 的比例要求时，就需要使用缩放功能对电子图进行比例调整。

输入命令后，按照命令提示操作：

第 1 步：选择缩放参照的标注或者标注的文字；

第 2 步：框选需要调整的图纸；

第 3 步：指定基点，回车，即图纸缩放完成。

指定基点是指在比例缩放中的基准点，其他图形以此为中心进行比例调整。

温馨提示：缩放设计图也可以调用 AutoCAD 内的命令来操作，可参考 AutoCAD 的相关帮助解释。

3.5　清空底图

功能说明：清理导入电子文档所夹带的无图的元素和图层。

菜单位置：【导入图纸】→【清空底图】。

命令代号：qktz。

用户可以同时多楼层的清理图纸，输入命令或点击菜单，弹出如图 3-2 所示的对话框。

图 3-2

3.6　图层控制

功能说明：显示所有的图层，控制图层的冻结和解冻。

菜单位置：【导入图纸】→【图层控制】。

命令代号：tckz。

本命令将图层分成三类显示，即 CAD 图层、系统图层、辅助图层。

执行该命令后，弹出如图 3-3 所示的对话框。

图 3-3　图层控制对话框

在图层名称前的选项框中打√，表示显示此图层；不打√则表示不显示该图层。弹出的图层控制窗口是浮动窗口，可以拖放至屏幕边缘，随时展开操作。

温馨提示：图层 RSB_TEXT 是存放导入的钢筋文字的层，识别后的集中标注和描述后的文字都放在这个层中，后面的钢筋识别都是从这个层中找钢筋文字来进行识别。

3.7　识别轴网

功能说明：自动识别建筑图上的轴网信息。

菜单位置：【识别】→【识别轴网】。

命令代号：szw。

执行该命令后，弹出"轴网识别"对话框，如图 3-4 所示。

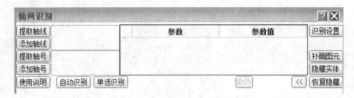

图 3-4　"轴网识"对话框

点击"识别设置"按钮，展开"识别设置"对话框，如图 3-5 所示。

图 3-5　"识别设置"对话框

在对话框中对各种参数进行设置，点击"参数值"单元格后面的"▾"按钮，会展开选项栏供用户在栏目内选择合适的值来进行识别操作。

如果设置的内容不符合要求，点击"恢复缺省"按钮，将设置的内容恢复到软件缺省状态。

执行该命令后，单击"提取轴线"，命令行提示："选择轴网线或编号<退出>或自动识别（Z）单选识别（O）补画（I）隐藏（B）显示（S）编号（E）："选中需要识别的轴网和轴号，单击鼠标右键，然后选择"自动识别"进入选择页面，提取所需轴线，单击右键确认，则识别完成，如图 3-6 所示。

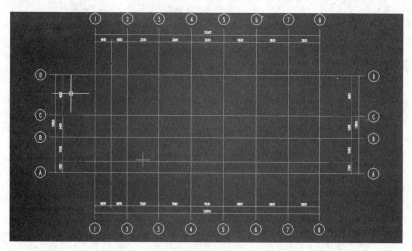

图 3-6

如果选取了无用的图层，用工具条上的撤销命令来恢复上一次的操作，或者将这个图层名前的"√"去掉，这时工具条上的"识别方式"按钮都会变为可用状态，可选择各种方式来识别轴网；而"添加轴线"按钮可以在界面的图元上添加需要用到的轴线；"提取轴号"按钮可以到界面中提取图元中的轴线、轴号；"添加轴号"可以在界面中添加上需要用到的轴线和轴号。

识别方式有"自动识别"和"单选识别"。选择"自动识别"，再提取及添加所有的轴线和轴号，最后单击右键即可；选择"单选识别"，再选取要识别的轴线，最后单根识别轴线。

识别完成后，通过"补画图元"按钮，用户可以补画一些有利于识别建模的图元。而"隐藏实体"则可根据需要将暂时不会用到的实体隐藏起来，方便识别建模。

温馨提示：

（1）自动识别成组，单选识别不成组。

（2）是否识别尺寸标注只对自动识别有效，单选识别不识别尺寸标注。

（3）尺寸标注可以不提取，程序会自己在整个图元中搜索。

（4）如果尺寸与实际不符合，会将尺寸用红色显示出来。

3.8　识别独基

功能说明： 由于基础在立面上有形状和尺寸的变化，故基础识别应首先将基础的编号和平面识别出来，再在"构件编号"对话框中指定基础的立面形状和尺寸，最后对界面使用基础刷。当然也可以反过来，先在"构件编号"对话框中指定基础的平立面形状和尺寸，再对界面上的基础编号和形状进行一次识别匹配。

菜单位置：【识别】→【识别独基】。

命令代号：sbdj。

执行该命令后，命令栏提示："请选择独基边线：<退出>或[标注线（J）/自助识别（Z）/点选识别（D）/密选识别（X）/手选识别（V）/补画（I）/隐藏（B）/显示（S）/编号（E）/独基表（N）:]"，同时弹出"独基识别"对话框，如图3-7所示。

图3-7 "识别独基承台"对话框

当导入的电子图中有"J"子目的构件编号时，再点击"识别独基承台"按钮或执行该命令时，软件会自动将编号的图层提取到编号所在层的栏目内。

操作方式参见柱识别。独基表格的识别方法同"表格钢筋"。

3.9 识别条基基础梁

功能说明：识别条基基础梁。

菜单位置：【识别】→【识别条基】。

命令代号：sbtj。

识别条基前，应先将基础平面图导入软件，通过"移动"使基础轴网与软件中的轴网重合，如图3-8所示。

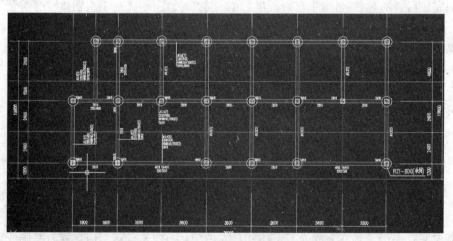

图3-8

然后选择"条基识别"，命令栏提示："请选择基础线<退出>或[标注线（J）/自动识别（Z）/单选识别（O）/指定识别（X）/补画（I）/手动布置（Q）/编号（E）/隐藏（B）/显示（S）]:"，同时弹出"条基识别"对话框，如图 3-9 所示。

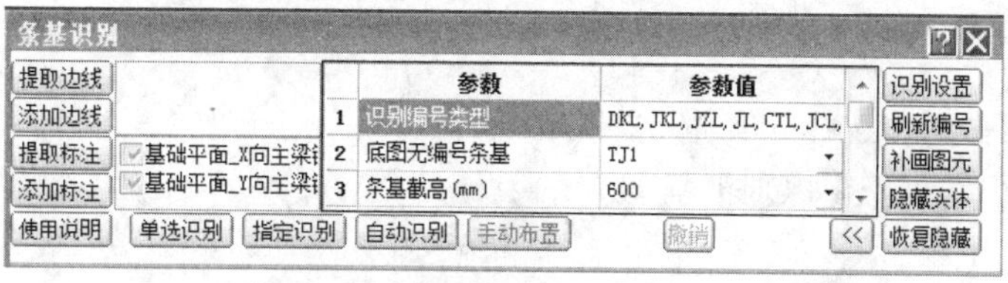

图 3-9　"条基识别"对话框

在对话框中选择"识别设置"，如图 3-10 所示。

	结构类型	类型代号 (不同的代号请用 ",""隔开)
1	地下框架梁	DKL,
2	基础主梁	JZL, JL
3	承台梁	CTL, JKL
4	基础次梁	JCL
5	基础连梁	JLL
6	地下普通梁	DL
7	带形基础	TJ

承台梁的类型代号:CTL

图 3-10

　　根据图纸信息将 JKL 移动到承台梁内，点击"确定"即可。然后提取梁边线和梁标示，鼠标左键选择，鼠标右键确认，然后选择识别方式识别。常用单选识别，鼠标左键选择梁边线和梁编号，单击鼠标右键确认即可，如图 3-11 所示。

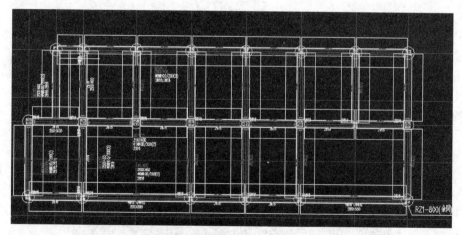

图 3-11

　　在图 3-11 中，条基外侧的黄色线条代表垫层、砖模和坑槽。其中，黄色线条也可不显示，只需在工具菜单的显示功能下取消显示垫层、砖模和坑槽即可。

3.10 识别桩基

功能说明：根据用户选择的实体转换为桩基。

菜单位置：【识别】→【识别桩基】。

命令代号：zjsb。

在识别桩基前，先将桩基础平面图导入软件，通过"移动"使基础轴网与软件中的轴网重合，如图 3-12 所示。

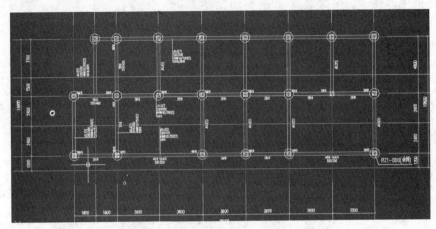

图 3-12

点击"识别桩基"，执行该命令后，弹出如图 3-13 所示的对话框。

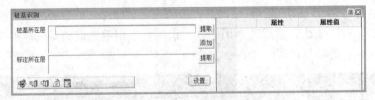

图 3-13　桩基识别对话框

点击"提取"按钮，在图纸上提取桩基图层，左键选中，右键确认，然后在属性值中选择圆形挖孔桩，然后选择"识别方式"。常用点选方式进行识别，左键选中桩，点击右键确认，如图 3-14 所示。

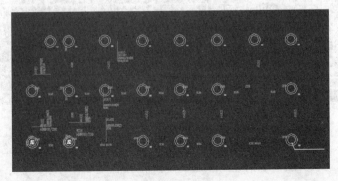

图 3-14

三维查看桩和条形基础梁，如图 3-15 所示。

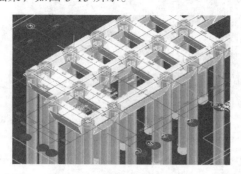

图 3-15

3.11 识别柱、暗柱

功能说明：识别柱、暗柱构件。

菜单位置：【识别】→【识别柱体】。

命令代号：sbzt。

识别柱前，应先将柱平面图导入软件，通过"移动"使基础轴网与软件中的轴网重合。

执行该命令后，命令栏提示："请选择柱边线：<退出>或[标注线（J）/自助识别（Z）/点选识别（D）/窗选识别（X）/选线识别（V）/补画（I）/隐藏（B）/显示（s）/编号（E）]："，同时弹出"柱和暗柱识别"对话框，如图 3-16 所示。

图 3-16 "柱识别"对话框

"提取边线"：用于在 CAD 图纸上提取需要转化为当前构件的线条。

"添加边线"：用户可以在 CAD 图纸上继续添加上未提取的底图线条到图层名称显示区。

"提取标注"：用于在 CAD 图纸上提取边线对应的标注信息。

"添加标注"：用于在界面中的图元上添加上需要用到的轴线的轴号。

根据命令栏提示，将光标移至界面上提取柱子相关图层后的效果，如图 3-17 所示。

图 3-17 提取柱图层后的效果

"点选识别"：点封闭的区域内部进行识别。

"窗选识别"：在框选的范围内进行识别。

"选线识别"：选取要识别的柱边线轴线进行识别。

"自动识别"：自动识别出所有的柱子。

"补画图元"：当提取过来的柱线条中存在残缺，如柱边不封闭等，可以采用此方式，重新到图中补画一些线，让程序能够自动识别所有的柱。

"隐藏实体"：隐藏界面上当前不需编辑的选中实体对象，使界面清晰方便操作。

"恢复隐藏"：将界面上隐藏的选中实体打开。

"检查"：用于用户实时检查是否有漏识别的构件。点击"检查"按钮，弹出"差异处理"对话框，该对话框即可显示出遗漏的构件，图上也标注出了哪些构件没有被识别，如图 3-18 所示。

图 3-18 "差异处理"对话框

"识别设置"按钮，说明同轴网识别。

操作说明：可通过各种识别方式来识别柱子。这里以点选识别来举例，点取识别工具条上的点选识别，这时命令行提示：请选择柱内部点，封闭的柱轮廓区域内点击，如果识别成功，则在命令行提示出识别的编号和截面数据。这里识别成功一个矩形柱，命令行提示为：柱号 Z2，矩形：b=500，h=500。

识别柱，也可切换成其他识别方式。其他识别方式都是通过选取组成柱的图元和柱所在的图层名，选取后会在图层列表中显示，且被选中的图层会被隐藏。若选择了错误图层，可用撤销命令来撤销。选取完成后，单击鼠标右键即可。

温馨提示：柱的编号图层不用提取，系统会自动找到。柱子是通过封闭区域来识别，如果线条不封闭就不能识别，需对电子图进行调整，或用补画图元方式使之成为能够识别的区域。

3.12 识别砼墙

功能说明：识别砼墙构件。

菜单位置：【识别】→【识别砼墙】。

命令代号：sbqt。

操作说明：执行该命令后，命令行提示：请选择墙线<退出>或标注线（J）自动（Z）全选

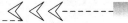

（X）单选（O）补画（I）编号（E），同时弹出"砼墙识别"对话框，如图3-19所示。

图 3-19 "砼墙识别"对话框

这里采用全选识别，如果不想用这种识别方式，可在工具条上切换至单选识别，选取要识别的墙，右键完成选取。如果识别成功，就会在命令行显示出识别成功墙的编号和截面信息，例如提示：Q1300×1200。

单选识别：选取一侧或两侧的墙，软件自动识别墙线方向上所有满足条件的墙段，可同时选多条线。编号不用选择，识别时程序会自动在界面中查找。

全选识别：同时选择墙的两条边线识别墙，且只在选择范围内进行识别。可以选编号，但只能选一个编号，且所有识别出来的墙都是这个编号。

3.13 识别梁体

功能说明：识别梁体。

菜单位置：【识别】→【识别梁体】。

命令代号：sblt。

执行该命令后，命令栏提示："请选择编号和梁线：<退出>或[梁层（Y）/标注线（J）/自动（Z）/全选（X）/关联（N）/补画（I）/布置（O）/编号（E）:]"，同时弹出"梁识别"对话框，如图3-20所示。

图 3-20 "梁识别"对话框

梁的识别与条基识别基本一样，即在对话框中提取边线和标注，如图3-21所示。

图 3-21 "梁识别"对话框

具体识别参见条基识别。

温馨提示：

（1）如果没有识别出梁，可对线条进行断开或缝合，使线条的段数与梁编号描述的跨数相同。

（2）如果编号描述的信息与梁跨符合，则识别的梁变为红色。

3.14　识别构造柱

功能说明：识别构造柱。

菜单位置：【识别】→【识别构造柱】。

命令代号：sbgz。

操作说明：执行该命令后，命令行提示：请选择编号和梁线：<退出>或梁层（Y）标注线（J）自动（Z）全选（X）关联（N）补画（I）布置（O）编号（E），同时弹出"构造柱识别"对话框，如图 3-22 所示。

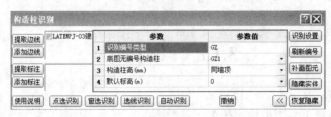

图 3-22　"构造柱识别"对话框

构造柱的识别同柱识别。

3.15　识别砌体墙

功能说明：识别砌体墙。

菜单位置：【识别】→【识别砌体墙】。

命令代号：sbqq。

操作说明：执行该命令后，命令行提示：请选择墙线<退出>或标注线（J）门窗线（N）自动（Z）全选（X）单选（O）补画（I）编号（E），同时弹出"砌体墙识别"对话框，如图 3-23 所示。

图 3-23　"砌体墙识别"对话框

识别方法同"识别砼墙",只是增加了门窗线的选择。当墙上有洞口时,会将墙体识别成两段。解决的方法是在识别墙的同时选择门窗线条,同时作为墙体图层,这样做还可以在识别墙的同时将门窗也识别出来。

点击"门窗线"按钮或执行该命令,弹出"门窗识别"对话框,如图3-24所示。

图3-24 "门窗识别"对话框

按钮操作、识别方法同"识别砼墙"。

3.16 识别门窗

功能说明:识别门窗。

菜单位置:【识别】→【识别门窗】。

命令代号:sbmc。

操作说:执行该命令后,命令行提示:请选择门框线和文字退出>或自动(Z)手选(O),同时弹出"门窗识别"对话框,如图3-25所示。

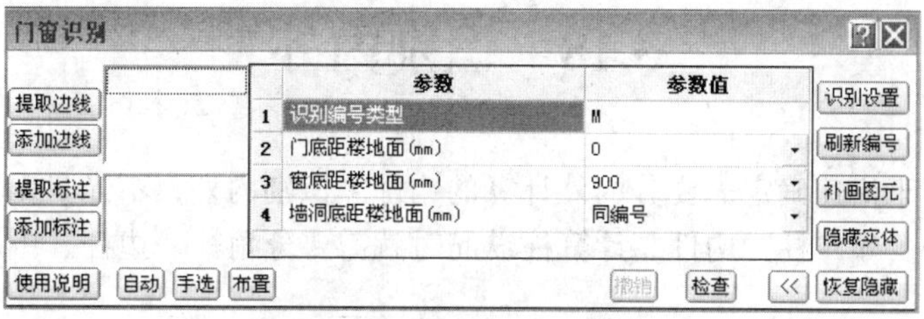

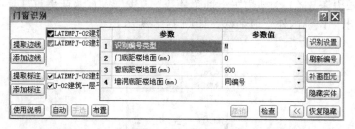

图3-25 "门窗识别"对话框

根据命令行提示,光标移至界面上选择门窗标注和门窗线条,回车,对话框内就会显示提取的门窗编号和门窗线条的图层,如图3-26所示。

图3-26 显示提取门窗编号和门窗线条的图层

选择的内容进入对话框后，就可以按照对话框中的识别方式，选择对应的方式对门窗进行识别。

温馨提示：识别门窗之前，应先识别门窗表，或先定义门窗编号；识别时按门窗编号生成门窗；识别后找到附近的墙，将门窗布置到墙上。

3.17　识别等高线

功能说：识别等高线。

菜单位：【网格土方】→【识别等高线】。

命令代号：sbdg。

操作说明：执行该命令后，命令行提示：请选择等高线的标高：<退出>或等高线层（Y）（J）自动识别（Z）布置（O）补画（I）隐藏（B）显示（S）编号（E），同时弹出"等高线识别"对话框，如图 3-27 所示。

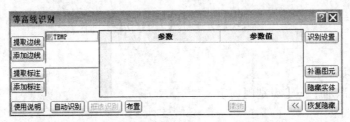

图 3-27　"等高线识别"对话框

3.18　识别内外

功能说明：用于快速确定需要分内外计算的构件。识别内外，不光只识别内外，也对局部构件进行识别区分。如"柱"构件，计算柱纵筋时就需要分角柱、边柱、中间柱，以便于判定钢筋至顶后的收头。

菜单位置：【识别】→【识别内外】。

命令代号：sbnw。

操作说明：执行该命令后，命令行提示：请输入第一点<退出>或多义续选实体识别内外（D）应用平面位置配色方案（Z）手动指定平面描述（N）楼层位置属性重量计算（L）调整外墙外边（A），同时弹出"识别内外"对话框，如图 3-28 所示。

图 3-28　"识别内外"对话框

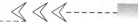

3.19　识别钢筋

3.19.1　钢筋描述转换

功能说明：钢筋描述转换，所谓转换就是将电子图上标注的钢筋描述文字、线条转换为程序能够识别处理的文字、线条。

菜单位置：【识别钢筋】→【钢筋描述转换】。

命令代号：mszh。

执行该命令后，弹出"描述转换"对话框，如图 3-29 所示。

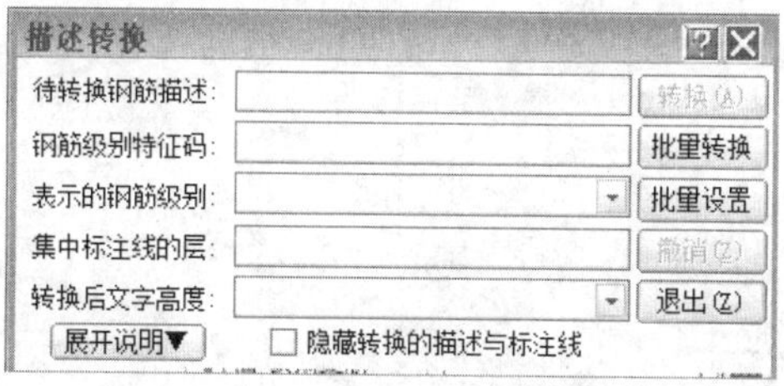

图 3-29　"描述转换"对话框

执行该命令后，命令行提示:选择钢筋文字<退出>。根据提示，光标在界面上选取钢筋描述如 "φ8@100/200" 或 "8@100/200" 文字，待转换钢筋描述栏内会显示钢筋描述的原始数据 "%%108@10/20"，其中 "φ" 或 "?" 对应的原始数据为钢筋级别 "%%130"，转换为 "表示的钢筋级别" 中的系统钢筋级别 A 级，表示一级钢筋。在这里提供有多种钢筋级别可选，如 A、B、C、D 等。钢筋描述转换对话框如图 3-30 所示。

图 3-30　已转换的钢筋描述

若选择集中标注线，则在"集中标注线层"输入框中就显示出该标注线所在图层，如图 3-31 所示。

图 3-31　标注线所在层的处理

点击"转换"按钮，即可完成钢筋描述转换。

温馨提示：只有在钢筋描述和集中标注线均转换到应有的图层时，才能将钢筋成功识别。

对有些特殊的钢筋描述，如"6]100"，特征码不能自动给出，用户需在特征码内填上"]"来进行转换。

3.19.2 识别柱筋

功能说明：识别生成柱筋。

菜单位置：【识别钢筋】→【识别大样】。

命令代号：sbzj。

执行该命令后，软件会先进入"柱表钢筋"对话框，点击对话框中的"识别柱表"按钮，便可进入识别柱表流程。其操作方法请参照表格钢筋中的柱表钢筋操作说明。

在实际工程中，一般当柱子识别完成后，即点击钢筋布置，很少使用识别柱钢筋功能。

3.19.3 识别梁筋

功能说明：识别生成梁筋。

菜单位置：【识别钢筋】→【识别梁筋】。

命令代号：sblj。

在识别梁钢筋前，应先将当层梁钢筋平面图导入软件，通过"移动"使基础轴网与软件中的轴网重合，如图 3-32 所示。

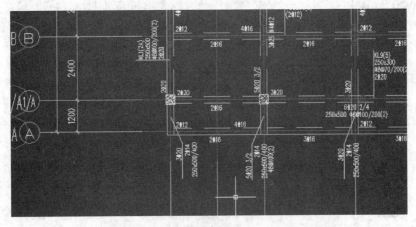

图 3-32

然后点击钢筋描述转换，选择图纸中的钢筋符号即可，如图 3-33 所示。

图 3-33

最后单击"转换"按钮，采用同样的方法，将图纸中所有类型的钢筋符号转换完成（集中标注的线条也需要转换）。

转换完成后，单击"识别梁筋"，选择"识别方式"，可以选择"自动识别"与"选梁识别"，如图 3-34 所示。

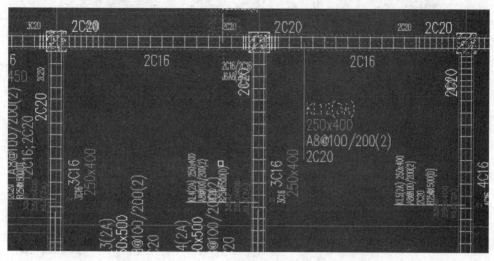

图 3-34

然后通过梁筋布置，检查每跨梁钢筋是否布置正确，若不正确则修改钢筋信息，如图 3-35 所示。

梁跨	箍筋	面筋	底筋	左支座筋	右支座筋	腰筋	拉筋	加强筋	其它筋	标高(m	截面(mm)
集中标注	A8@100/200 (2)	2C20							B25@1500	0	250x400
左悬挑			2C16		3C20			J3A8 (2			250x450
1		2C20	2C16/2C16	2C20	2C20			J6A8 (2			250x400
2	A8@100/200 (2)	3C16+2C20	2C16/3C16					J6A8 (2			250x400
3	A8@100/200 (2)	2C20	2C16/2C16/2C2	2C20	2C20			J6A8 (2			250x400

图 3-35

这样即完成梁钢筋的识别。

3.19.4 识别板筋

功能说明：识别生成板筋。

菜单位置：【板体】→【现浇板】→【识别板筋】。

命令代：sbbj。

在识别板钢筋前，应先将当层板钢筋平面图导入软件，通过"移动"使板钢筋平面图轴网与软件中的轴网重合，同时不需要绘制完成板构件，就能进行板钢筋识别，如图 3-36 所示。

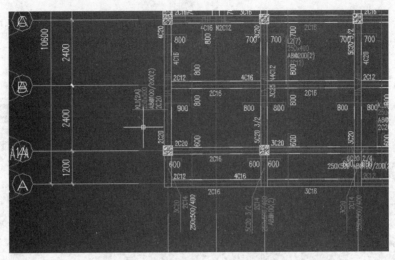

图 3-36

在钢筋描述转化完成后，单击"识别钢筋"→"识别板筋"，弹出对话框，如图 3-37 所示。

图 3-37

首先选择"编号管理"，软件默认的"0-所有板厚"表示图纸中未标明而是以文字说明表示的钢筋（此默认构件不能删除），也可在编号管理中根据板厚不同增加编号。编号定义完成后，按不同方式识别相应钢筋，例如选负筋线识别负筋，如图 3-38 所示。

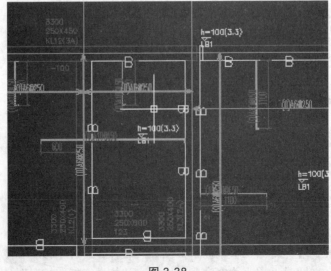

图 3-38

其他板筋采用同样的方式识别。

3.19.5　识别大样

功能说明：识别柱、暗柱大样图中的钢筋。

菜单位置：【识别钢筋】→【识别大样】。

命令代号：sbbj。

识别板筋命令与板筋布置共用一个对话框，其操作过程和使用方法请参照板筋布置中的识别板筋部分，如图 3-39 所示。

图 3-39　"柱筋大样识别"对话框

"柱筋大样识别"中各选项含义如下：

"使用说明"：大样识别的步骤以及注意事项。

"缩放图纸"：对电子图进行缩放。

"描述转换"：把图中的文字转化成软件可以识别的文字。

"清除对象"：清除识别出来的临时对象。

"撤销"：撤销上步操作。

"编号第[ ]行"：大样的编号在第几行。

"编号后有[ ]行"：编号行的后面描述还有几行。

"编号行高[ ]"：编号所在行的高度。

"弯钩线长[ ]"：箍筋弯钩平直段长。

"误差：±[ ]%"：箍筋弯钩平直段的误差范围。

"添加弯勾"：如果图纸中的箍筋没有设计 135°弯的平直段，可以用此功能来添加弯勾平直段。

操作步骤如下：

（1）进入界面，首先设置右侧参数。

（2）提取柱截面图层、钢筋图层、标注图层。

（3）框选柱大样信息，　如果大样中有标高信息，则前楼层的标高必须在大样中的标高范围之内；如果标高不在大样图标高范围内，识别的时候，只要不选择大样标高，也能识别出来。

（4）可以单个大样逐个识别，此时只需要设置弯勾线长和误差值即可。

（5）也可以一次性框选多个大样，但需要将右侧的参数全部设置好。

（6）识别好的柱筋会以柱筋平法的形式显示。

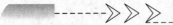

项目4 工程报表

4.1 图形检查

功能说明：对图形进行误差检查，保证计算的准确性。

菜单位置：【算量辅助】→【图形检查】。

命令代号：txjc。

执行该命令后，弹出"图形检查"对话框，如图 4-1 所示。

图 4-1 "图形检查"对话框

表中"检查方式"用于选择执行哪些检查项，项目前打勾表示执行该项检查。具体包括以下几方面检查内容：

（1）"位置重复构件"：指相同类型构件在空间位置上有相互干涉情况。检查结果提供自动处理操作。重复构件，指在一个位置同时存在相同边线重合的构件。

（2）"位置重叠构件"：指不同类型构件在空间位置上有相互干涉情况。检查结果提示颜色供用户手动处理。重叠构件，指在一个位置两个构件相交重叠，边线不一定重合。

（3）"清除短小构件"：找出长度小于检查值的所有构件。检查结果提供自动处理操作。

（4）"尚需相接构件"：构件端头没有与其他构件相互接触，仅限墙、梁构件。检查结果提供自动处理操作。检查值，指输入值大于端头与相接构件的距离。

（5）"梁跨异常构件"：找出跨号顺序混乱的梁，检查结果提供自动处理操作。同时程序默认梁跨方向从左至右、从下至上为正序。如果同一编号梁既有正序又有反序的，对钢筋计算会有一定的影响。检查结束后会将该编号梁的编号与跨号在屏幕上输出，用户可根据需要手动修改。

（6）"对应所属关系"：根据门窗洞口构件与墙的位置关系，将布置或识别时没有安置到邻

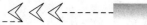

近墙体的洞口构件就近安置，以确保扣减准确度。检查结果提供自动处理操作。

表中"检查构件"用于确定哪些构件参与检查，在前面打勾表示这个构件参与检查。

表中下排按钮的含义：

"全选""全清""反选"：全选、全清或反向选中栏目内的内容。

"报告结果"：执行检查后，点击该按钮查看检查结果。

"检查"：按照选择的检查内容来执行检查。

"执行"：对检查出来有误的构件进行修复。

"取消"：退出对话框。

【案例 4-1】　检查图形中柱的位置是否重叠。

（1）在检查方式中选中位置重叠构件，其他方式不选择。

（2）在检查构件中选中柱，其他构件不选择。

（3）执行检查。

（4）点击"报告结果"按钮，展开命令行对话框，并打印出结果，如图 4-2 所示。

图 4-2

（5）点击"执行"按钮，弹出"处理重叠构件"对话框，如图 4-3 所示。

图 4-3　"执行"对话框

"应用"按钮：处理有问题的所有构件，将有问题的构件进行修正；尚需相接式连接的构件显示为绿色；尚需切断方式剪断的构件也显示为绿色；清除短小方式的构件显示为对话框设定的颜色，处理完成后构件显示为系统默认颜色。位置重复方式按"T"，再按回车键，可以删除构件。

"往下"按钮：处理下一组序号构件，上一序号构件保留颜色标志（保留构件为红色，删除构件为绿色）。

"恢复"按钮：取消上次的应用操作。

温馨提示：在图形检查中，系统能够检查出相邻楼层的墙柱位置重复与重叠的错误并警报提示，用户在检查出来之后须仔细核对图纸，然后再进行处理。

4.2　计算汇总

功能说明：对界面中的构件模型依据工程量计算规则进行工程量分析计算。

菜单位置：【快捷菜单】→【计算汇总】。

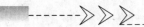
命令代号：fx。

执行该命令后，弹出"工程量分析"对话框，如图 4-4 所示。

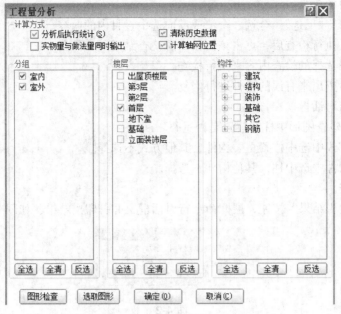

图 4-4 "工程量分析"对话框

在对话框中可以选择"分析后执行统计"，使工程量分析和统计同步进行。在楼层中选择要分析的楼层，且在构件中选择要分析的构件类型，然后点击"确定"按钮，软件便开始分析统计构件工程量。

统计结束后，进入统计结果预览界面，在这里用户可以查看工程量统计结果和计算明细，如图 4-5 所示。

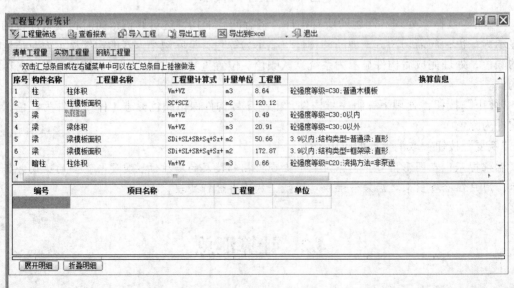

图 4-5

统计结果由两部分组成，上面的部分是按实物工程量统计的汇总数据。下面部分，如果挂接了做法，那么在清单的项目名称中，软件自动生成了每条项目的项目特征，清单编码的后三位序号也自动生成，双击某一条计算明细，还可以返回图面核查图形；如果用户在清单项目下挂接了定额，还可以在显示方式中选择查看"清单定额"，或者"定额子目汇总"。所有的措施定额都自动汇总到"措施定额汇总"中。

温馨提示：

（1）在操作过程中可以通过下排快捷键进行楼层和构件的选取。

（2）在统计结果中，计算明细中的工程量使用的是自然单位，而定额子目的工程量使用的是定额单位。

（3）选择清除历史数据时如果没有选择统计钢筋，则不会清除钢筋统计的历史数据。一般情况下最好选择清除历史数据。

4.3 统 计

功能说明：对已作分析计算的构件进行工程量统计汇总。

菜单位置：【快捷菜单】→【统计】。

命令代号：tj。

执行该命令后，弹出"工程量统计"对话框，如图4-6所示。

图4-6 "工程量统计"对话框

在对话框中可以选择"清除所有历史数据"和"实物量与做法量同时输出"，在室内室外分组选择中，选择要计算的范围在楼层中选择需要统计的楼层，且在构件中选择要统计的构件类型，然后点击"确定"按钮，软件便开始统计构件的工程量。

统计结束后，进入统计结果预览界面，在这里用户可以查看工程量统计结果和计算明细。

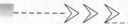

4.4　报　表

4.4.1　打印预览

功能说明：本功能用于最终结果的报表打印，也可以设计、制作、修改编辑各类报表。

菜单位置：【快捷菜单】→【报表】。

工具图标："🖨"。

命令代号：bb。

执行该命令后，弹出"报表打印"对话框，如图 4-7 所示。

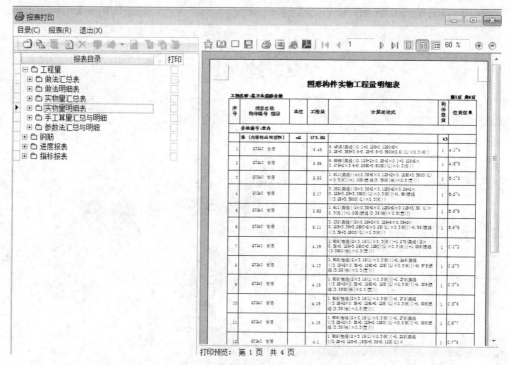

图 4-7　"报表打印"对话框

温馨提示：系统提供清单、定额以及清单规则和定额规则下的构件实物量汇总表，均能按设定的信息输出工程量表格。

1. 预览报表

在报表选项栏中选择报表名称，在报表预览窗口中就会显示当前报表。报表预览时点击相应的按钮，可选择按比例缩放、全屏预览、翻页、调整页边距和列宽，插入公司徽标，刷新数据等功能。

2. 调整页边距和列宽

点击工具栏"□"按钮，在报表预览窗口显示报表页面（见图 4-8），用光标拖动表格线，可改变页边距、页眉、页脚高度、表内列宽，点击"💾"按钮进行保存。

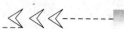

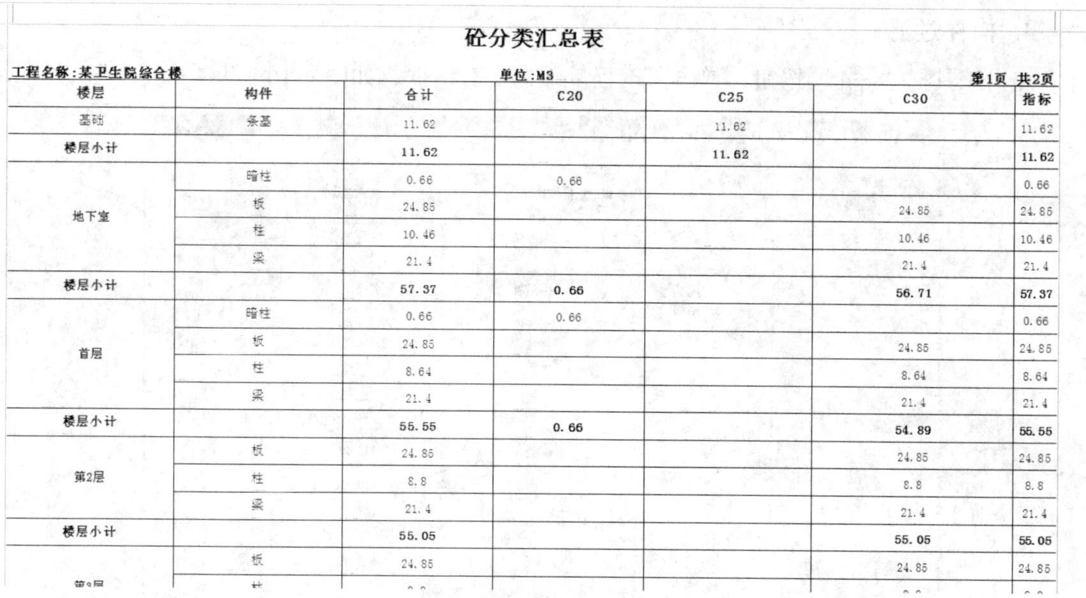

砼分类汇总表

工程名称：某卫生院综合楼　　　　　　　　　　单位：M3　　　　　　　　　　　　　　　　　第1页 共2页

楼层	构件	合计	C20	C25	C30	指标
基础	条基	11.62		11.62		11.62
楼层小计		11.62		11.62		11.62
地下室	暗柱	0.66	0.66			0.66
	板	24.85			24.85	24.85
	柱	10.46			10.46	10.46
	梁	21.4			21.4	21.4
楼层小计		57.37	0.66		56.71	57.37
首层	暗柱	0.66	0.66			0.66
	板	24.85			24.85	24.85
	柱	8.64			8.64	8.64
	梁	21.4			21.4	21.4
楼层小计		55.55	0.66		54.89	55.55
第2层	板	24.85			24.85	24.85
	柱	8.8			8.8	8.8
	梁	21.4			21.4	21.4
楼层小计		55.05			55.05	55.05
第3层	板	24.85			24.85	24.85
	柱	8.8			8.8	8.8

图 4-8　调整页边距和列宽

3. 打印设置

点击工具栏"⧉"按钮，弹出"打印设置"对话框，在对话框中可设置打印机、纸张、打印方向、页边距、页眉页脚等信息，如图 4-9 所示。

图 4-9　"打印设置"对话框

4. 构件过滤

点击工具栏"⊟"按钮，弹出"工程量筛选"对话框，如图 4-10 所示。

图 4-10 "工程量筛选"对话框

5. 打印

点击工具栏"🖨"按钮，弹出打印对话框，可设置打印机、打印范围、份数，点击"确定"按钮，将当前报表输出到打印机，如图 4-11 所示。

图 4-11 "打印"对话框

6. 输出到 Excel 表

点击工具栏"🗙"按钮，弹出"输出选项"对话框，如图 4-12 所示。

图 4-12 "输出选项"对话框

点击"确定"按钮，将当前表输出到 Excel 表。

4.4.2　报表设计

点击工具栏"▤"按钮，弹出新建报表操作窗口。

首先需要进行数据源的定义。

定义数据源包括：数据源的 SQL 定义、选择输出字段、过滤条件、排序字段的设置以及数据浏览功能，如图 4-13 所示。

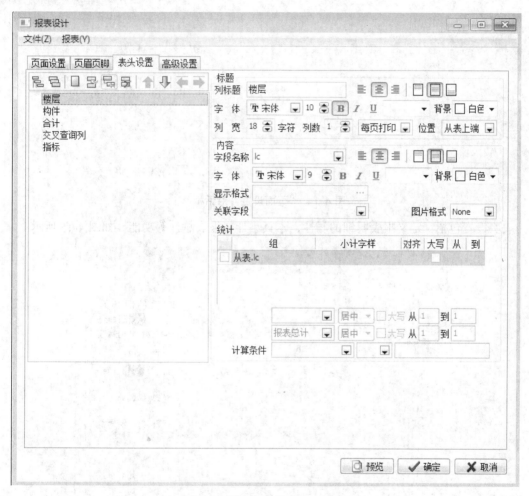

图 4-13　"定义数据源"对话框

数据源 SQL 定义：按 Access 数据库的 SQL 语法标准定义 SQL 查询语句，产生数据源。此项功能主要是为开发人员和专业支持人员提供的，在此不详细说明。

为简化数据源 SQL 定义，导入 SQL 文本，或从系统数据源列表中选择系统数据源（系统数据源包括：数据源 SQL 定义、过滤条件、排序字段的设置）。另外，在报表设计过程中，可将当前报表数据源保存为系统数据源。

页面设置包括：报表显示名称、纸张选项、明细表格选项、页边距等设置，如图 4-14 所示。

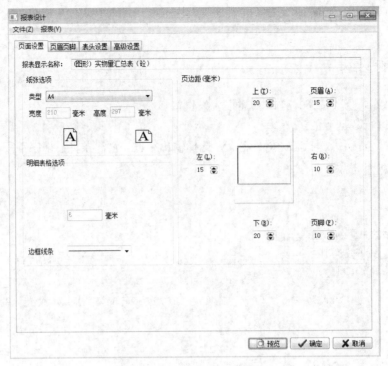

图 4-14 "页面设置"对话框

表头设置包括：定义报表明细的属性，本页小计、报表总计等功能，如图 4-15 所示。

图 4-15 "报表设计"对话框

温馨提示：用户在使用报表设计功能时，一般不需要修改数据源。某些不需要的字段可以删除；需要的字段，则可切换到高级设置页面内继续操作。

4.5　漏项检查

功能说明：检查工程中是否存在遗漏、没有布置的构件。构件存在为不漏项，构件不存在为漏项，这与该构件是否输出工程量无关。"漏项检查"分钢筋专业和土建专业，并包括图形部分和自定义部分的内容。图形部分构件的查找条件分为按工程查找，按楼层查找。按工程查找，指定的构件在整个工程中只要存在即为不漏项。按楼层查找，指针对每一个楼层进行检查，会标识出每个楼层的漏项情况。自定义部分，右键添加查找条目，指定查找的关键字，此项为查找的必要条件，不能为空，再指定查找的条件。查找的范围包括：手工算量、参数算量、做法部分、实物量部分。与图形不同的是，自定义部分查找以前需要先对手工算量、参数算量和图形构件进行统计，查找过程在统计结果中查找。"检查"之后，关闭对话框，在记事本中输出漏项检查结果。

菜单位置：【算量辅助】→【漏项检查】。

命令代号：lxjc。

执行该命令后，弹出"漏项检查"对话框，如图 4-16 所示。

（a）

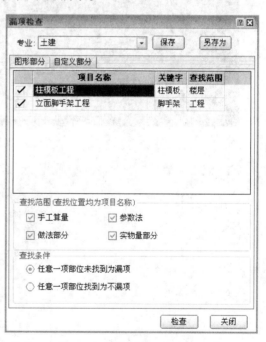

（b）

图 4-16　"漏项检查"对话框

选择好相关内容后，点击"检查"即可。

4.6 数量检查

菜单位置:【算量辅助】→【数量检查】。

命令代号:sljc。

(1)导入一张电子图,识别图纸中的梁,识别后,检查有无没有被识别的梁,如图 4-17 所示。

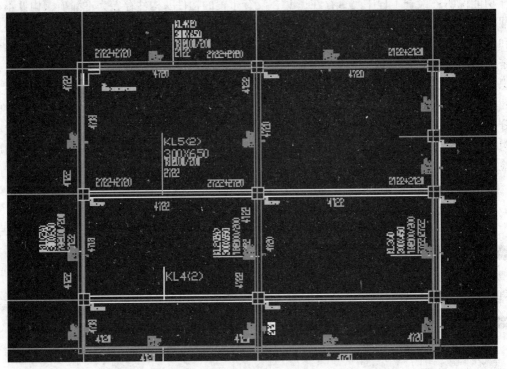

图 4-17

(2)点击"数量检查"命令,弹出对话框,如图 4-18 所示。

图 4-18

(3)双击选择需要检查的构件,此时,命令行提示指定检查区域,框选指定区域后,右键确认,弹出"数量检查"对话框,如图 4-19 所示。

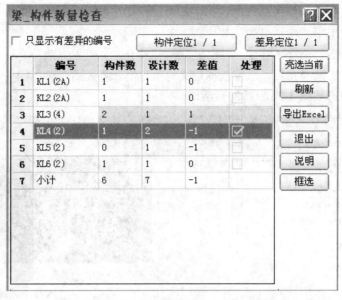

图 4-19

（4）"导出 Excel"：将对话框主体部分导出为 Excel 格式，方便用户核对构件数量。导出的表格如图 4-20 所示。

	A	B	C	D	E
1	编号	构件数	设计数	差值	处理
2	KL1 (2A)	1	1	0	已处理
3	KL2 (2A)	1	1	0	已处理
4	KL3 (4)	1	1	0	已处理
5	KL4 (2)	1	2	-1	未处理
6	KL5 (2)	0	1	-1	未处理
7	KL6 (2)	1	1	0	已处理
8	小计	5	7	-2	

图 4-20

4.7 查 量

功能说明：核查构件的工程量明细。

菜单位置：【快捷菜单】→【查量】。

命令代号：hdgj。

在"斯维尔三维算量 3DA2014"中，构件的工程量一般都是由"总量+调整值"来表示的。一方面是由于工程构件的复杂性，另一方面是因为计算机计算的结果要符合手算习惯。每个工程在布置完部分或全部构件后，执行分析命令即可将工程的工程量计算出来。在工程分析的时候，一方面要看图形构件的几何尺寸以及与周边构件的关系，另一方面则要看当前计算规则的设置。若图形构件的几何尺寸不对，或布置错误，或计算规则的设置不正确导致软件算法错误，则分析的结果肯定也是不对的。"斯维尔三维算量 3DA2014"是图形算量软件，前两个方面很

容易保证，但计算规则的设置与软件算法是否正确，则从图形上表现不出来，这时就要用核对构件功能来查看图形与数据结果的一致性。

执行交互命令后，命令栏提示："选择要分析的构件"。根据提示，光标至界面上选择需要查看工程量的构件，选择完后，系统依据定义的工程量计算规则对选择的构件进行图形工程量分析，分析完后弹出如图 4-21 所示的对话框。

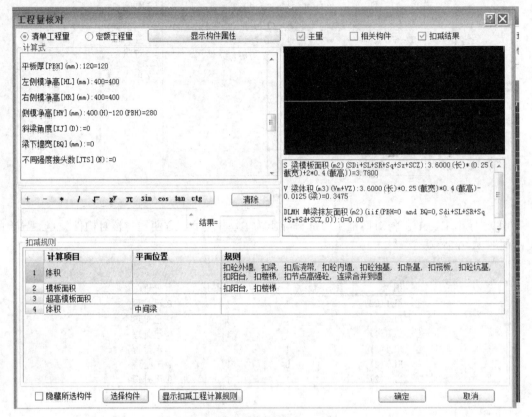

图 4-21 "工程量核对"对话框

4.8 查看工程量

功能说明：批量查看构件的工程量和钢筋量。

菜单位置：【快捷菜单】→【快速核量】。

命令代号：kgcl。

点击查看"工程量"按钮，输入 kgcl 命令后，提示选择实体构件（可以选择多种构件类型）。选择后，弹出如图 4-22 所示的对话框，在左侧列出的是所有选择的构件类型，中间部分为当前选择查看的类型构件的工程量汇总值，右侧为工程量部分选中汇总值的明细。可以双击返查构件，也可以切换页面查看做法量和钢筋量。如果当前构件没有挂做法的话，做法量页面是空的；如果有挂接做法，则实物量页面的数据是空的。需要重新选择构件时不必退出对话框，可以直接在图形中选择构件。

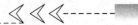

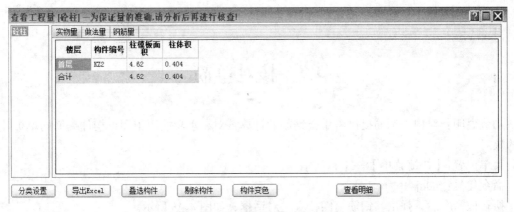

图 4-22 "查看工程量"对话框

"分类设置":在实物量页面中有此功能,用于设置构件的归并属性和查看工程量。对话框如图 4-23 所示。

图 4-23 "分类设置"对话框

左侧为当前构件的属性,勾选项为指定用来归并换算工程量的属性,右侧为当前构件的输出设置,根据构件工程量计算规则输出工程量。

"数据设置":数字类型的属性可以设置数值的归并范围。右键可以增加、删除,录入的属性值以 mm 为单位,如图 4-24 所示。

图 4-24 "数据设置"对话框

设置完成，点击"确定"按钮即可。

4.9　核对单筋

功能说明：对构件钢筋提供每单根钢筋的计算核对，本功能用于图形构件钢筋的单根计算式的核对。

菜单位置：【快捷菜单】→【查筋】。

命令代号：hddj。

执行该命令后，弹出"钢筋简图核查"对话框，如图 4-25 所示。

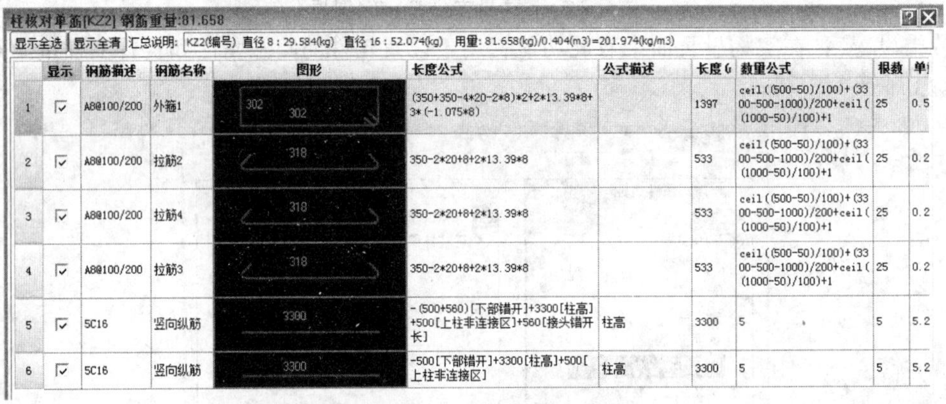

	显示	钢筋描述	钢筋名称	图形	长度公式	公式描述	长度 (	数量公式	根数	单
1	☑	A8@100/200	外箍1	302 302	(350+350-4*20-2*8)*2+2*13.39*8+3*(-1.075*8)		1397	ceil((500-50)/100)+(3300-500-1000)/200+ceil((1000-50)/100)+1	25	0.5
2	☑	A8@100/200	拉筋2	318	350-2*20+8+2*13.39*8		533	ceil((500-50)/100)+(3300-500-1000)/200+ceil((1000-50)/100)+1	25	0.2
3	☑	A8@100/200	拉筋4	318	350-2*20+8+2*13.39*8		533	ceil((500-50)/100)+(3300-500-1000)/200+ceil((1000-50)/100)+1	25	0.2
4	☑	A8@100/200	拉筋3	318	350-2*20+8+2*13.39*8		533	ceil((500-50)/100)+(3300-500-1000)/200+ceil((1000-50)/100)+1	25	0.2
5	☑	5C16	竖向纵筋	3390	- (500+560)[下部错开]+3300[柱高]+500[上柱非连接区]+560[接头错开长]	柱高	3300	5	5	5.2
6	☑	5C16	竖向纵筋	3300	-500[下部错开]+3300[柱高]+500[上柱非连接区]	柱高	3300	5	5	5.2

柱核对单筋[KZ2] 钢筋重量:81.658　显示全选　显示全看　汇总说明：KZ2(8编号)　直径 8 : 29.584(kg)　直径 16 : 52.074(kg)　用量: 81.658(kg)/0.404(m3)=201.974(kg/m3)

图 4-25　"钢筋简图核查"对话框

在对话框中可看到一个构件的所有钢筋按单根计算显示出来。

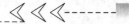
项目 5　宏业清单计价专家

启动"清单计价专家 2015"软件，可直接双击桌面快捷图标，也可通过菜单启动。其菜单路径为"开始→程序→清单计价专家 2015→清单计价专家 2015"，界面如图 5-1 所示。

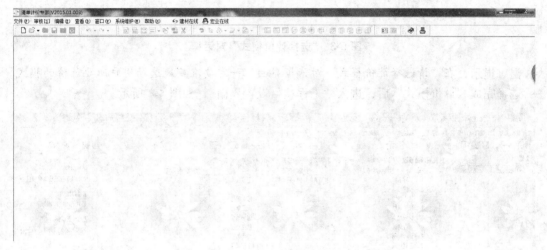

图 5-1　"清单计价专家 2015"界面

5.1　新建工程

进入软件后，单击"文件"菜单→"新建工程"，或点击"新建工程"快捷按钮，如图 5-2 所示，则出现新建工程界面。

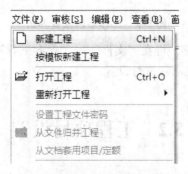

图 5-2　新建工程

单击"新建工程"或"按模板新建工程"，进入计价模式选择页面。根据工程实际，选择计价模式，单击"建立工程"即可，如图 5-3 所示。

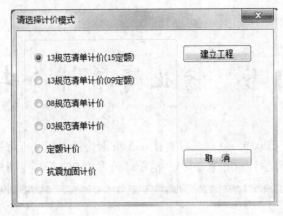

图 5-3 "选择计价模式"对话框

温馨提示：在"请选择计价模式"对话框界面，一定要准确地选择用户所要计价的模式。
选择完成"计价模式"后，进入"工程项目设置界面"，如图 5-4 所示。

图 5-4 工程项目设置界面

此时"新建工程"尚未保存，可在"文件"→"保存工程"，或点击"保存"按钮对工程
进行保存。接下来，即可对工程项目进行设置。

5.2 工程项目设置

工程项目设置为工程项目的第一个页面内容，其录入数据项内容为报表总封面及取费费率
的来源。进入"工程项目设置"后，先选择"项目清单库"和"定额数据库"以及"工程设置
模板"，操作界面如图 5-5 所示。

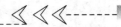

图 5-5　工程项目设置操作界面

系统预置有多个常用工程设置模板，用户可以根据工程项目的性质进行重新选择。对选用的模板也可进行修改或补充，应在数据项内容列内下拉选择或直接录入工程的一些描述信息与取费设置信息。

若工程采用定额计价方式，计算工程造价或利用传统预算取费模板计算项目综合单价时，"工程类别""取费级别"等与取费费率有关的数据项内容需要用户准确设置，以便在后面模板中自动提取对应费率。修改或补充后的工程设置模板，可通过图 5-5 所示的界面设置模板菜单，再保存为一个新的工程设置模板，以便以后直接调用。

数据项内容录入：在数据项目定义窗口定义有数据项目内容的，可通过下拉菜单选择调用；不能定义数据项目内容的，只能用户根据工程实际情况直接录入，例如建设单位、招标人、投标人名称等。

点击"工程项目设置"标签栏的下一个标签"编制/清单说明"，进入清单编制说明的编写页面。

5.2.1　编制/清单说明

编制/清单说明操作界面如图 5-6 所示，主要用于对工程概况、工程量清单编制依据、工程量及材料的计取、要求等的说明，最后得到工程项目的总说明报表内容。

图 5-6　编制/清单说明操作界面

编制/清单说明也包含了有多个预设模板，主要分定额计价编制说明模板与清单计价格式模板，当然用户也可修改模板内容或新建说明模板。做工程时在"模板选项"下拉列表框中选择使用。

清单计价方式模板内容的上部是说明目录列表区及编辑区，用户可以利用插入行录入目录信息、删除行等操作对当前的模板进行修改编辑，利用鼠标拖拉调整其排列顺序，并将修改后的保存为新模板；也可直接新建模板，每个模板下部是当前目录正文区，用户可对当前条目进行多段落文本编辑；在目录区选择一条目录后，正文区随即更新为当前条目内容。

"环境菜单"定额计价格式模板的上部主要为说明工程使用定额、材料价格及其他内容，可根据工程实际需要通过工具栏快捷按钮或右键"环境菜单"功能进行修改，修改后保存为新模板以便以后直接调用，也可直接新建说明模板；然后直接在其后空白框内录入相应文字内容即可；下部为工程其他概况内容说明，直接进行文字编辑即可。

温馨提示：对一个工程的编制/清单说明进行内容编辑后，不要轻易切换为其他模板格式，因为模板切换将导致原来录入的说明内容丢失。

下面以 GB50500—2013 清单编制说明模板为例，模板内容如图 5-7 所示。

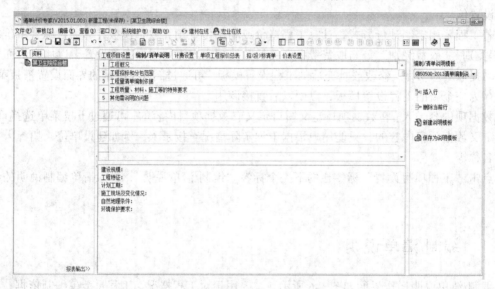

图 5-7　清单编制说明模板

"工程概况"：本工程为某市司法局业务用房建设项目，位于某市东区市民防局旁；总建筑面积为 2 382.9 m²，框架结构，地上 7 层，建筑高度 23.85 m，人工挖孔灌注桩基础；室外工程包含红线内室外地坪、室外给排水及室外电气等。

"工程招标和分包范围"：招标范围包括核工业西南勘察设计研究院有限公司设计的施工图（图号建施 1/24 ~ 24/24，结施 1/45 ~ 45/45，幕施 1/16 ~ 16/16，水施 1/17 ~ 17/17，电施 1/31 ~ 31/31 及设计变更通知单）范围内明确的结构、建筑、安装工程的施工及材料采购。室外工程部分包括室外给排水及室外电气等。

"工程量清单编制依据"：

（1）依据核工业西南勘察设计研究院有限公司设计的施工图设计文件，《建设工程工程量清单计价规范 GB50500—2013》，《四川省建设工程工程量清单计价定额 2015》，国家、省、市

有关工程量清单编制的政策性文件。

（2）材料价格执行 2014.9 总第 23 期某市工程造价信息，某市工程造价信息中没有的材料参照市场价格执行。

（3）人工费调整按"四川省建设工程造价管理总站关于德阳市等 17 个市、州 2009 年《四川省建设工程工程量清单计价定额》人工费调整的批复"（川建价发〔2013〕22 号）的规定执行。

（4）税金计取按"四川省住房和城乡建设厅关于印发《关于调整四川省建设工程计价定额中税金计取标准》的通知（川建造价发〔2011〕123 号）"规定计取。

"工程质量、材料、施工等特殊要求"：

（1）工程质量：达到施工验收规范，满足国家强制性标准。

（2）材料质量要求：所有材料经检测合格。

（3）施工要求：满足政府对安全文明施工的要求。

（4）工期：见招标文件。

"其他需说明的问题"：根据编制人在编制过程中需要说明的事项、发现的问题及解决办法、图纸疑问解答及本工程招标清单需要的补充事项等来进行编写。

5.2.2　"计费设置"

根据当地人工费、材料费和机械费调整文件录入相应调整系数。

5.2.3　"单项工程报价总表"和"招投标清单"

此为汇总单位工程数据的标签，是根据单位工程汇总数据自动生成单项工程数据，一般不需要设置。

5.2.4　"价表设置"

一般很少使用，主要是选择本省各地造价信息和使用范围，方便直接计取各期材料价格。

5.3　单项工程建立

一个工程项目可能包括有一个或多个单项工程，可通过工程列表窗口右键菜单建立。若工程项目按模板新建时，缺省带有一个单项工程，用户只需修改其名称即可。如果包括多个单项工程时，按上述方法依次建立。

单项工程的工程设置及编制/清单说明可直接录入数据内容，也可从工程项目中读取相应数据再做一定修改。

"单项工程建立/报价汇总"界面下边为投标报价总表区域，缺省为单项工程的数据汇总，也可设置包括单位工程的数据汇总，如图 5-8 所示。

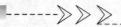

图 5-8　单项工程建立/报价汇总

　　根据工程性质可调用不同总价表模板，系统预置有：工程项目投标总价表、工程项目预算（控制）价总表、工程项目竣工结算总价表，缺省为工程项目投标总价表。在此用户可设置自动更新汇总数据、列表包括单位工程设置、重新提取汇总数据、插入行、删除行、设置"小计"属性、保存为总价表模板及重新生成等功能，也可根据需要直接修改数据，小计、合计行自动生成。此处数据将作为最后报表数据来源，一定慎重处理。

　　"单项工程建立/报价总表"界面"投标报价总表"中的零星工作项目费是否自动更新，随"其他项目清单"中是否"√"选"自动更新零星项目费"。如果用户直接录入零星项目费金额时，请取消"其他项目清单"中"自动更新零星项目费"的"√"。

5.4　单位工程建立

　　一个单项工程又可能包含有多个单位工程。按模板新建工程时，模板内缺省带有常用单位工程，可直接采用；需要补充建立时，可以通过工程列表窗口右键菜单栏，进入到窗口中进行建立，如图 5-9 所示。

图 5-9　单位工程建立

在可建单位工程列表中选择待建单位工程类型，然后点击即可。在已建单位工程列表框中，可以通过如图 5-10 所示的环境菜单对单位工程重命名、删除、复制、粘贴单位工程、导出单位工程到文件、从文件导入单位工程、上下移动已建单位工程位置、显示专用工具栏等操作，已建单位工程间位置的移动也可通过鼠标拖放来完成。

图 5-10

只要用户新建一单位工程，其汇总窗口内的单位名称列同时出现此单位工程，对此单位工程进行编辑后，其工程造价自动汇总到相应列内；单位造价列数据为当前单位工程造价除以其工程规模，因此，用户必须录入工程规模才能计算并显示其单位工程造价。

合计行造价为所有单位工程造价的汇总，单位造价为汇总造价除以单项工程的工程规模。如果单位工程规模与单项工程规模不同时，合计行单位造价不等于所有单位工程单位造价汇总。

在汇总窗口内，可利用菜单功能或右边工具栏按钮进行插入行、添加行、删除当前行、重新提取汇总表数据等操作，工具栏按钮可根据右键菜单的"显示/隐藏专用工具栏"功能进行隐显设置。根据需要用户也可任意录入需要的汇总报表数据，如图 5-11 所示。

图 5-11

除工程造价汇总表外，还有工程三材汇总表及工程造价审查对比汇总表。三材汇总表主要应用于传统预（结）算中，对工程的钢材、水泥、木材进行汇总；工程造价审查对比汇总表应用于对施工单位编制的工程预、结算进行审查时的对比。

单位工程操作主要在分部分项工程量清单中，操作界面如图 5-12 所示。

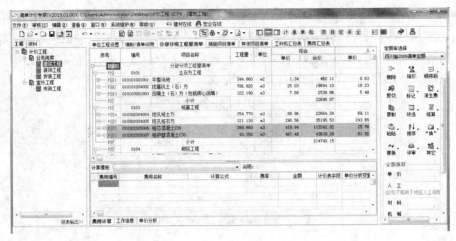

图 5-12

单位工程所含页面及其排列顺序与"选项"中的模块配置。如果对当前单位工程页面进行调整，可在页标签的任意位置点击鼠标右键，弹出页面调整菜单，如图 5-13 所示。

图 5-13

在此菜单上用户可"√"选原来没有的页面，也可点击取消不需要的页面；还可通过"当前页前移"与"当前页后移"两项菜单功能调整页面位置以及执行"更改当前页名称"修改其功能页名称。

单位工程的"单位工程设置"页及"编制/清单说明"页内容完全继承了用户在工程项目中的相应设置。对其中差异部分，用户再根据单位工程特点进行修改或补充；若按模板新建工程，补录工程项目及单项工程设置及编制/清单说明后，单位工程相应内容仍为空，这时用户可直接录入，也可从相应单项工程或工程项目中读取数据内容。

5.5 计价表结构

5.5.1 计价表格式

单位工程的"分部分项工程量清单""措施项目清单""其他项目清单"是整个单位工程的核心，集中了工程计价的大部分操作。计价表的格式系统预置有"清单计价格式"和"定额计

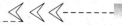

价格式"，用户可通过环境菜单设置计价表格式或工具栏按钮进行选择使用，也可以通过自定义对计价表格式作更加灵活的配置，如图 5-14 所示。

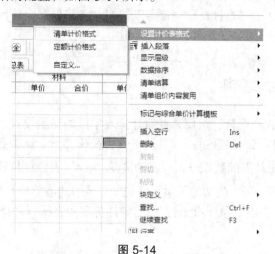

图 5-14

执行自定义菜单功能时，进入到计价表定义窗口内，用户可对当前计价表格式进行修改设置，如图 5-15 所示。

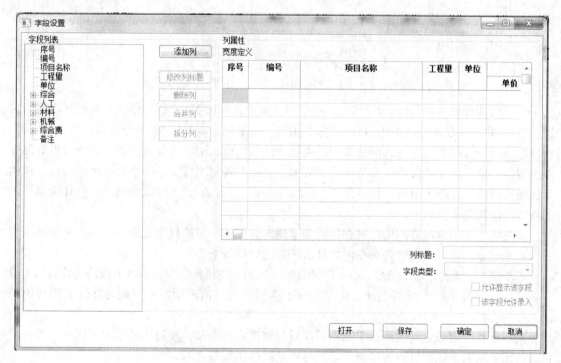

图 5-15

这里列出了计价表上所有用户可以使用的列字段。除序号、编号、项目名称、工程量、单位五列必须使用外，其他各列用户均可通过"√"决定是否在计价表上显示；所有列均可通过鼠标拖拉或点击上下移动按钮调整排列顺序。选中的当前列可以在右部调整其显示宽度、修改列标题名。如果列名在表头上需分两行显示，应在两行文本单独插入"#"。

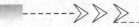

系统在生成表头时，会自动对第一行文本内容相同的相邻单元格进行合并。对修改后的格式可直接点击应用按钮，当前单位工程的计价表格式立即做相应调整/这时用户关闭计价表定义窗口即可。对修改后的格式可通过点击"保存"按钮，将其保存为计价表格式模板，以便以后直接调用。

5.5.2　计价表树状结构

这里对于计价表格式的设置，主要是针对计价表字段的显示设置，而计价表内容行的显隐控制，在表格最左边的树状目录区进行。有以下几种操作类型：点击数据结点前的"└⊞┐"或"└□┐"，可展开或折叠该结点的数据子行；在"清单/计价"表任意位置点击鼠标右键弹出环境菜单，执行其上显示层级功能。此功能子菜单还包括"显示到清单项目级""显示到定额级""显示计价表所有行""显示当前对象所有子行""隐藏计价表所有子行"及"查找数据对象"功能，如图 5-16 所示。

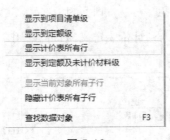

图 5-16

点击快捷按钮区的 项目定末全 ，可控制计价表显示内容。"顶"相当于显示到段落结构级，"目"相当于显示到清单项目级，"定"相当于显示到定额级，"全"为显示计价表所有行。

定额计价方式下，计价表由分部、定额及合计行构成；清单计价方式下，计价表由分部分项工程量清单、措施项目清单、其他项目清单、签证及索赔项目清单四个大的区域构成，这四个区域可由系统在新建单位工程时预置（系统"选项"中设置），也可以由用户通过环境菜单中的插入段落功能手工插入。

除这四个大的区域外，用户可在计价表上插入分部、小节或自定义段落，但各种段落嵌套层次最多三层，各层次嵌套关系在树状目录区通过树状线条显示。

本软件中，无论区域、分部、小节还是自定义段落，均可统称段落。每个段落由段首行（段落名称行）与段尾行（段落小计行）界定一个连续区间。清单项目或定额可在任意段落内外录入。

清单项目与定额之间的所属关系由其相对位置决定，即某一项目后的定额（截止于另一项目或段尾）均属于该项目构成定额，定额材料紧跟所属定额之后。

措施项目清单、其他项目清单及签证与索赔项目清单区域必须进行区域界定，界定区域内也可插入分部和小节。这些区域内，除可录入项目及其定额外，也可直接录入费用条目或通过计算公式由其他数据对象计算费用。

其他项目清单内容与措施项目清单操作方法基本一致，系统预置了常用的模板格式，用户直接调用再根据实际情况做一定修改即可。

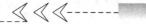

5.6　计价表数据规则

计价表内的数据基本上是其他所有表格的基础，各结构层次间的数据具有一定的相互关系。计价表列数据项分定额计价及清单计价两个系列。

定额计价列的数据项一般在列名称上加"定额"两字作为区别（当然列名称用户可自行修改），对应数据为相应定额库数据，只在定额换算或材料换算情况下作相应改变。

清单计价列数据一般由选用的费用计算模板计算产生，计价表中的各数据或计算公式、费率等都需要用户在模板中的计价表字段进行定义；在没有选用模板或选用模板中未设置计价表字段的情况下，采用以下默认规则生成：

人工费=定额人工费+人工调整价差（地区人工费系数调整及人工单调价差）
材料费=定额材料费+单调材料价差（地区综合调整价差及单调材料价差）+
　　　　未计价材料费
机械费=定额机械费+机械调整价差（地区机械费调整）
综合单价=人工费+材料费+机械费+综合费

项目的各项费用则是由项目下的定额费用累加而得。后面将讲到的定额措施费是汇入该定额所在的项目内，项目上计算的措施费直接汇入项目相应费用中。

5.7　分部分项清单套用项目及定额

考虑到单位工程里面的 4 个清单的计价功能和方式的不同，将原来"清单/计价表"页面标签下面的"分部分项工程量清单""措施项目清单""其他项目清单"和"签证及索赔清单"改成了 4 个独立的页面标签，如图 5-17 所示。

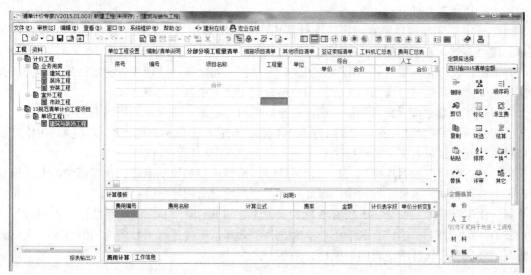

图 5-17

149

无论采用定额计价方式，还是采用清单计价方式，项目及定额的套用都是必需的，也是最基本的一步。系统根据不同情况设计了几种项目及定额套用方法。

5.7.1　项目及定额调用

工程采用清单计价方式时，每个项目下可能会套用一个或多个定额，因此计价表中就存在项目及定额的调用。若工程采用定额计价方式，则只存在定额的调用。

计价表上直接调用的项目及定额必须是系统项目库或定额数据库存在的项目或定额，用户不能在计价表上直接编辑项目或定额。

若要使用自编项目或定额，用户可通过环境菜单插入自编项目或插入自编定额功能，自编项目或定额的编号、名称、单位等相应数据可以进行任意修改（此情况只应用于当前单位工程）。

若以后工程可能用到自编项目或定额，必须先在项目维护库或定额维护库的用户自编项目/定额中补充后再调用。

本软件设计有两种项目及定额调用方法：

（1）直接录入项目及定额编号调用，简称"直接编号法"。

（2）是在数据检索窗口或项目库/定额库中选择调用，简称"列表选择法"。

1. 直接编号法

采用直接编号法录入项目或定额编号的位置是计价表第二列"编号"栏单元格。

用户录入项目及定额编号后回车或转移光标到其他单元格，系统就会自动到项目库或定额库中查找该编号的项目或定额。如果找到则调用项目或定额，否则系统将用户录入的内容清除，需要用户重新录入。

2. 列表选择法

列表选择法有 2 种方式：

（1）从定额库或项目库查询窗口选择调用，可双击调用当前对象，也可选定（按住键盘"Ctrl"键可多选）需要数据行再确定返回。

查询窗口左下角配置有"选用后关闭窗口"功能，勾选表示选用项目、定额后自动关闭查询窗口，反之重新返回查询窗口（方便用户连续调用其他项目、定额）。

（2）在综合数据检索窗口调用，选择并拖放项目及定额（可双击调用当前对象）。

直接从项目库中调用：在需要调用项目行的任意位置点击鼠标右键，执行环境菜单中的"插入项目"功能，也可点击工具栏按钮系统进入到项目查询窗口，如图 5-18 所示。

项目查询窗口与项目库维护窗口相比，除了不具备项目编辑功能外，在界面结构及其他功能设置上基本相同。另外，查询窗口增加一个"分布项目全列""选用后关闭"选项。"分布项目全列"作用是显示当前分部下所有项目。点击该分部下的章节目录时，系统仅定位当前行到该章节第一条项目上，这样有利于用户一次在整个分部范围内进行项目多选。但由于一次列表的数据记录过大，软件响应时间可能稍长一些。

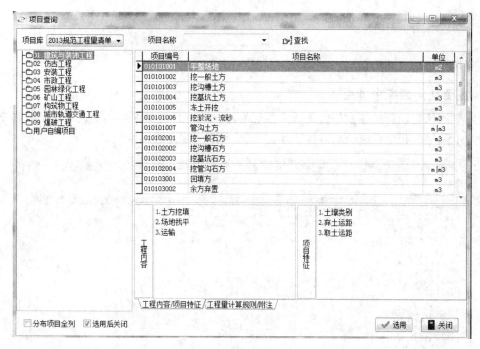

图 5-18

第一次调用项目时，进入窗口后系统自动定位到项目类型上，根据"项目库维护"中介绍的操作方式找到需要的项目，先选中再点击"确定"按钮即可完成调用（如果一次只选用一条项目，也可直接双击该记录行）。如果多次调用项目时，进入窗口后系统自动定位到上一次调用界面的项目上，再通过同样方式找到需要的项目进行调用。点击"取消"按钮放弃本次调用。

项目调用后需要进行修改时，可以利用删除当前项目重新调入新项目，也可在当前项目上执行环境菜单的替换项目来完成。从数据检索器中调用：点击快捷按钮区的"数据检索"进入到数据检索器辅助窗口，如图 5-19 所示。

图 5-19

根据数据检索窗口中项目库的目录树，找到需要调用的项目并"√"选，然后利用鼠标拖动到计价表，即可完成项目调用。如果需要调用项目的所属分部或小节内容，直接将其分部、小节进行"√"选一并拖入计价表中。

在数据检索窗口中也可直接双击所需对象，将其调用到"清单/计价表"中指定位置。在清单项目或所属定额位置双击调用项目时，自动在当前项目所属定额后添加此项目。调用定额时，定额将属于当前项目并排列在所属定额最后。这种方式一次只能调用一个项目或定额对象。

在没有选定任何小节、项目或定额的情况下直接拖放，其效果是录入鼠标当前所指的内容，等同双击调用当前对象。

5.7.2 定额调用

定额调用与项目调用相似，主要方法有以下几种：

1. 直接从定额库中调用

在需要调用定额行的任意位置，点击鼠标右键，执行环境菜单中的插入定额、替换定额功能，或双击编号单元格系统，均可进入如图 5-20 所示的定额查询窗口。

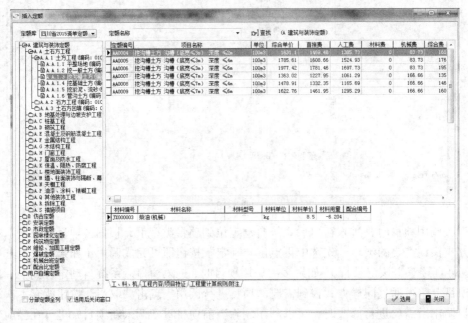

图 5-20

其界面结构及操作方法同项目调用内容。

2. 从数据检索器中调用

（1）直接从窗口左边的定额库中查找调用及从项目的指引库中进行调用。

（2）当项目调用后，在当前项目编号单元格或项目下空行编号单元格点击为编辑状态。这时其单元格后出现一小按钮 01010 1001 ，用户只需点击此小按钮即可进入项目指引窗口，如图 5-21 所示。也可执行环境菜单项目其他子菜单"项目→定额指引"或工具栏按钮"指引"进入如图 5-21 所示的对话框，再"√"选所用的定额确定即可。

"项目指引"窗口按工作内容分别显示定额，界面左下角"缺省展开节点"可设置各工作内容下定额的显隐。若"√"选，则各内容下定额呈展开状态，反之呈折叠状态。用户根据需要点击展开即可，这里的设置对下次进入项目定额指引窗口时才起作用。" 定额明细/查询套用 "表示查看当前等定额的构成或从全定额库中查找定额进行套用，点击进入到"定额查询"窗口。这里的项目定额指引工作内容是在系统维护菜单中的项目定额指引中定义的，如果此窗口中没有需要的定额，用户可回到定额指引维护窗口中添加定义。其定义方法请参照相应章节内容，也可在当前项目下通过其他方式进行定额调用。

图 5-21

无论使用什么方法调用的项目或定额编号，系统都将按目 1、目 2…或者定 1、定 2…依次递加进行排序。改变项目、定额位置后，自动按先后进行重新排序。当录入项目编号重复时，系统自动弹出如图 5-22 所示的对话框，此时需要用户进行确认。

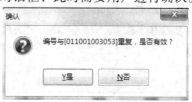

图 5-22

在计价表 "序号" 列可利用鼠标拖动功能调整相互间位置。

当需调用的项目或定额在数据库中没有时，需要在项目库维护或定额库维护窗口中进行用户自编项目或定额。自编项目或定额不能直接录入其编号进行调用，必须通过列表选择法从项目库或定额库中查找调用。插入自编定额、自编项目，执行环境菜单插入自编定额、插入自编项目功能或点击工具栏插入按钮中相应功能菜单即可。插入自编定额功能后，在 "清单/计价表" 中添加一自编定额行，用户直接录入修改其编号、名称、单位等相应内容。插入自编项目后，弹出如图 5-23 所示的对话框，需用户录入自编项目基础编号。主要是能让自编项目与其他项目一样参与项目编码的统一设置。

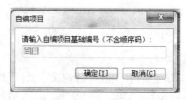

图 5-23

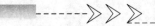

5.8 工程量录入

一般在调用项目或定额后接着会录入该项目或定额的工程量，当然也可以在其他任何时候补充录入或修改工程量。工程量允许录入正数、负数或 0，用户可以直接录入数值，也可以录入正确的四则运算表达式让程序自动计算结果。

直接录入及计算得出的工程量，程序都将按"选项"中的"保留小数位数的设置"对其进行处理；如果直接录入或计算得出的工程量超过设置的位数，系统将对其进行四舍五入到相应位数。不足小数位依据"选项"中的设置确定是否用"0"补齐。

工程量录入时根据用户的习惯，系统预置有两种方式，即直接在工程量对话框中录入和通过计算式对话框录入。两种方式的区别在于录入工程量时是否除以定额后的定额单位。两种方式的切换功能安排在主窗口上，一个是快捷按钮"‰"，另一个是主菜单"编辑"栏下的定额使用基本单位菜单项。将快捷按钮按下或将菜单选项中的 ✔ 定额使用基本单位(V) 进行"√"选，则表示使用定额基本单位，则录入的工程量自动除以当前定额的定额单位，否则使用定额自然单位。该功能的设置只对以后的工程量录入起作用。

"系统维护"菜单的选项中有"定额子目工程量预置为所属项目工程量"设置，如果划"√"，则项目下所属定额的工程量与项目相同；若不相同时，按工程量录入方式进行修改。

修改项目工程量时，弹出如图 5-24 所示的对话框需要用户确认：是否修改项目工程量，或同时更改当前项目下定额工程量；清单项目锁定后修改项目工程量时，定额工程量也可随项目工程量按同比例修改。

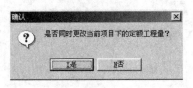

图 5-24

5.9 项目、定额内容修改

由于实际工程的需要，编号、项目、定额的名称、计量单位、工程内容等需要做一定的修改。

5.9.1 编 号

编号是从定额库中调用的定额编号，不能进行修改，只可在其后加"-1、-2、-补…"，这主要是区分相同定额的不同换算。

从项目库中调用项目编号，其前 9 位不能进行修改，由于后 3 位是编制人设置的顺序码，可根据情况进行修改；对后 3 位自编顺序码，可在"系统维护"菜单的选项中进行设置：自动添加顺序码单独排序和整体排序。若取消"自动添加顺序码"设置，其下的"单独排序"和"整

体排序"为灰显，则录入或调用的项目编号为《清单规范》中的 9 位，其后的 3 位用户可根据需要任意编辑或不编辑。当然，这里的设置都只对以后录入的项目起作用，对已录入的项目编号，则只能通过环境菜单或工具栏中的 项目编号顺序码 进行修改。执行此功能进入如图 5-25 所示的对话框。

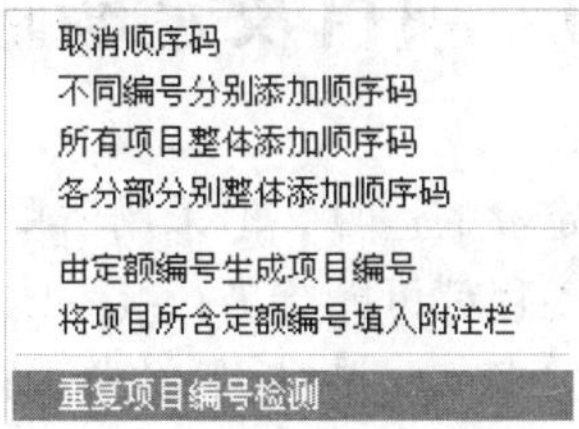

取消顺序码
不同编号分别添加顺序码
所有项目整体添加顺序码
各分部分别整体添加顺序码

由定额编号生成项目编号
将项目所含定额编号填入附注栏

重复项目编号检测

图 5-25

5.9.2　项目、定额名称

项目或定额的名称都可以做任意修改。定额名称修改利用直接编辑修改；项目名称除直接编辑修改外，还可利用其所属定额名称进行修改。

项目名称修改，一是将所属定额名称组合到项目名称，在当前项目行上点击鼠标右键，执行环境菜单"项目清单其他"中的组合项目所含定额"项目名称"功能或点击工具栏"其他"按钮中的菜单功能即可，如图 5-26 所示；二是将当前行定额名称添加到所属项目名称中，在当前定额行上，执行环境菜单"其他"中的合并"项目名称"到所属项目或工具栏按钮其他中的相应功能即可。

010101002003	挖土方 挖土方 (包括大开挖) 人工挖土方 机械运土 (石) 方 运距1000m以内 机械运土 (石) 方 每增加1000m
AA0002	挖土方 (包括大开挖) 人工挖土方
AA0013	机械运土 (石) 方 运距1000m以内
AA0014	机械运土 (石) 方 每增加1000m

图 5-26

5.9.3　计量单位

项目的计量单位可以做任意修改；定额计量单位始终与定额库中定额单位一致，不能做任何修改，这主要是减小由于单位而带来的误差。

定额的数据做修改时，认为是对定额进行换算处理。具体操作及方法在定额换算段落再详细介绍。

5.9.4　工程内容

项目工作内容、项目特征的修改编辑：在利用软件提供工程量清单或做清单报价时，可能

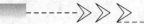

需要编辑项目的工作内容及项目特征。这时只需在相应"工作信息"辅助窗口中进行修改编辑，其内容将作为报表的数据来源。

5.10 项目及定额运算

采用定额计价方式时，只存在定额的运算，但采用清单计价方式时，除定额的运算外，项目、节、分部、段落以及整个单位工程都可能会进行统一的系数运算。定额的运算与定额计价方式相似，相同的是需对其基价、人工费、材料费、机械费进行系数处理；不同的是四川省 2004、2009、2015 建设工程工程量清单定额中定额综合费的运算包含项目、节、分部、段落及整个单位工程的运算。该对象内所有的定额按设置方式进行运算，其运算方法与定额运算相同，因此，这里只介绍定额运算。

定额运算主要包括对定额整体的相关操作功能，其中定额换算、取消定额换算都是针对当前定额的，用户需通过当前定额的环境菜单或快捷按钮来执行这些功能。

5.10.1 定额换算

定额换算是关于定额基价、定额人工单价、定额材料单价、定额机械单价及综合费单价乘除系数或直接加减费用的处理。

定额换算参数设置，放置在计价表右边专用工具栏的一个专门页面里，如图 5-27 所示。

图 5-27

在计价表状态下，用户可通过右键环境菜单"定额换算"或直接点击工具栏按钮中 $\sum$ 定额换算 ，可在计价表右边工具栏区域打开定额换算窗口，对单价、人工、材料、机械以及综合费进行系数处理。系数表达式由加减乘除（+、−、×、/），小括号以及一些确定的数字构成，在四项费用（人、材、机械及综合费）的编辑框内录入系数表达式，与系统设置的处理对象构成完整的费用计算公式。为了方便用户录入，如果系数表达式最前面一个运算符为乘号时，可以省去前面的乘号，系统将自动在表达式最前面加上乘号进行处理。

在定额计算过程中，基价=人工单价+材料单价+机械单价+综合费单价，后四项费用可以进行任意的加减乘除，而基价只允许进行系数乘除处理，即基价的系数表达式必须能够单独运算

出一个结果，用换算对象进行乘除运算。因为直接在基价上加减的费用，无法在人、材、机及综合费中进行分配，也无法保证前面的等式成立。下面分别列举几个对于基价处理常见错误的例子：

正确：$1.8 \times 1.8 / 1.8（1.6+2.5/2）/（1.3 \times 2 - 1）\times 2$

错误：$+1.8 - 1.8 \times 2 +（3.2 \times 2+5）$

在基价上乘除的系数对整个定额有效，即相当于对其构成的人工、材料、机械的定额消耗量同时乘除相同系数，综合费是否随单价调整可在界面中"√"选设置，打"√"则综合费与单价按相同系数处理，否则综合费不随基价做相应系数变化，需要单独设置综合费换算系数，不设置则表示此费用不作换算处理。对其他四类费用来说，如果在操作对象上直接加减费用，则只用于计算定额的对应费用项目，不会分配到定额的构成人工、材料及机械费上；如果操作对象的表达式能计算出一个独立系数与操作对象进行乘除，则系统自动将定额的构成人工、材料或机械的定额耗量也乘除对应系数；如果同时在基价与人、材、机三费上设置了系数，计算时都有效，人、材、机的实际系数等于基价与各自系数乘除的结果。

如果定额换算时对基价或材料单价乘除了系数，定额下的未计价材料或设备的定额耗量并不总是要乘以相同系数，因此需要用户在定额换算窗口中的"未计价材料做相应调整"进行"√"选控制；如果对基价进行了乘除处理，还可能在人、材、机三费中任意一项加减一个费用，这时加减的费用是否乘除基价的系数，也需要用户通过"√"选"优先执行基价换算"进行控制。

此窗口设置好定额换算系数及设置后，点击 ✓ 执行换算 按钮或直接回车，系统进行定额计算并保留此系数设置，方便用户下次查看修改。

除了通过上述途径进行定额换算外，软件提供的另外一种方法是直接在定额基价、综合单价、人工单价、材料单价、机械单价单元格中分别录入各自的系数表达式。表达式规则与前面讲到的完全一致。换算窗口对话框中仍然记录有换算表达式，点击换算的单元格到编辑状态系统保留有录入的原始表达式。采用这种方式进行定额换算时，系统会弹出"未计价材料是否做相应调整""是否优先执行基价换算"对话框且需用户确认。

两种定额换算方式是等效的，其中定义的系数表达式也是互用的，即在换算窗口中录入的表达式，在激活相应单元格时将自动作为用户原始数据出现；反之亦然。由于计价表定额列数据项很多，又受屏幕宽度限制，如果直接在单元格中录入表达式的话，往往需要频繁滚动计价表，因此通过进入换算窗口进行定额换算应是比较好的处理方式。

5.10.2　定额还原

该功能用于将进行了运算处理的定额恢复到其在定额库中存在的原始状态，因此在该定额上做过的一切定额运算、材料换算等操作都将取消。而用户录入的工程量、调用定额时系统自动完成的材料调价、材料调增等操作仍然保留。

定额还原的方法有 4 种，但其前提是必须先选中该定额。点击快捷按钮区的" ↻ "（当前定额复原）按钮，执行主菜单"编辑"中 ↻ 当前定额复原(Y) 功能，执行环境菜单定额"其他"子菜单中的定额还原；点击工具栏按钮"其他"中的定额还原。若当前定额未进行任何换算处理，则这 4 处功能设置均为灰显。

5.10.3　定额合并

该功能主要用于定额计价格式下相同编号定额的合并，合并范围可以是段落、分部区域内局部合并，也可以是整个计价表内定额整体合并；清单计价格式下只能对同一项目下相同编号定额进行局部合并。

该项功能位置放在环境菜单定额其他的子菜单及工具栏按钮"其他"的子菜单中，如图 5-28 所示。

图 5-28

定额合并（局部）时以段落、分部界定区域为合并单元，即系统在每个界定区域内将同编号定额进行合并，放置在不同区域的同编号定额互相不合并。

定额合并（整体）时以整个单位工程计价表为合并单元，将计价表内所有同编号定额各自合并为一条定额。

定额合并时以出现在最前面的定额为保留定额，将分部区域内或整个计价表内所有该编号定额的工程量相加，作为保留定额的新工程量，同时将其他该编号定额从计价表中删除。系统将定额合并过程中的工程量累加表达式保留下来，作为定额工程量的用户录入原始表达式，因此用户可以从表达式了解定额合并的生成情况。

完全相同换算的定额也可进行合并处理。这里的完全相同换算是指定额系数运算、定额材料运算、材料调价、定额构件增值税标识等处理均相同；反之不能进行合并处理。

清单计价格式项目下同编号定额进行合并时，除遵循上述规则外，还需注意，定额是否选用综合单价计算模板或是选用不同综合单价计算模板，系统不予考虑。若合并前同编号定额选用了不同综合单价计算模板，执行此功能后，相同编号定额进行合并，并以出现在最前面的定额综合单价计算模板对合并后新定额进行综合单价的计算，使其项目计算结果与合并前有偏差，请用户慎重操作。

5.10.4　定额加/减

定额加/减功能用于在已经调用的定额上再加上或减去一条定额（可多条），一般用于定额计价格式工程，如图 5-29 所示。在环境菜单定额其他及工具栏按钮"其他"子菜单上设置有定额加/减功能。

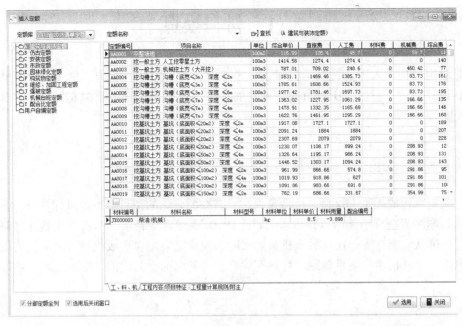

图 5-29

在原有定额行执行此功能，弹出定额查询窗口，并自动定位原定额为当前定额，用户只需选用被加/减定额，确认后系统接着弹出对话框，如图 5-30 所示。

图 5-30

对话框一方面显示当前操作类型（"加上"定额或"减去"定额）、所选被加/减定额的编号，另一方面让用户设置被加/减定额的乘除系数，即允许被加/减定额在进行加减之前先乘上或除以一个系数，乘除运算通过列表框选择设置，系数只能录入单一数值。"未计价材料乘除相应系数"是对所选定额乘/除系数时相应设置。

定额加减的过程：如果定额乘除了系数，则先将定额基价、人工单价、材料单价、机械单价及定额构成人工、材料、机械的定额耗量同时乘除这一系数，再与计价表上原定额对应数据进行加减。对于被加/减定额中存在而原定额中不存在的某些人工、材料、机械，系统自动补充入定额材料列表，相加时耗量为正，相减时耗量为负。相减后耗量为零的人工、材料、机械系统自动删除。定额加减后的换算说明如图 5-31 所示。

| 1A0011换 | 人工运土方 运距20m以内[+1A0012*2] |
| 1J0001换 | 楼地面找平层 水泥砂浆(中砂)厚度20mm 在填充材料上 1:2[-1J0013] |

图 5-31

定额加减允许重复进行。如果一个定额既进行了定额换算，又进行了定额加减，无论操作过程的先后，系统总是加减以后再换算。

5.11 材料换算

凡是对定额构成人工、材料、机械条目进行的替换、删除、新增、更改耗量等操作，都归入材料换算范畴。当然，所有材料换算功能都必须在展开相应定额构成材料的情况下才能进行。

5.11.1 材料删除

要删除定额构成人工、材料、机械条目，只需在要删除的条目上点击鼠标右键，弹出环境菜单，执行删除当前行功能即可；也可通过【Delete】键直接删除。两种方式删除材料时都需要用户进行确认。删除配合比材料或机械台班时，对应定额配合比或机械台班的构成成分将自动一并删除，因此请用户慎重删除。材料删除后，可利用前面介绍的"定额复原"功能进行撤销。

5.11.2 材料新增

在定额中新增材料也是一项重要的材料运算功能，在安装与装饰工程中尤其常用。当然，这里的材料泛指各类人工、材料、机械条目。系统设计了两种新增材料功能，用户可根据不同情况进行选择使用。

1. 插入材料

在需要插入材料行执行该功能，系统直接进入材料查询窗口，用户选择需要的材料点击"确定"按钮或直接双击调用即可，如图 5-32 所示。

材料编号	材料名称	材料型号	材料单位	材料单价	配合编号	材料类别
57004700	(防射线)重晶石混凝土		m3	1152.32	YB0310	配合比
40290010	106涂料		kg	0.6		油漆、化工
40290220	107氯偏乳液		kg	1		油漆、化工
48370050	107胶		kg	0.95		油漆、化工
20017620	12#道岔钢轨支撑架		组	9100		
20017630	12交叉渡线道岔钢轨支撑架		组	9100		
40290140	177乳液涂料		kg	1.6		油漆、化工
70000100	180° 合金钢急弯弯管	Φ102×12	个	0		给排水
70000200	180° 合金钢急弯弯管	Φ114×12	个	0		给排水
70000300	180° 合金钢急弯弯管	Φ127×14	个	0		给排水
70000400	180° 合金钢急弯弯管	Φ152×14	个	0		给排水
70000500	180° 合金钢急弯弯管	Φ219×14	个	0		给排水
70000600	180° 合金钢急弯弯管	Φ60×8	个	0		给排水
70000700	180° 合金钢急弯弯管	Φ89×10	个	0		给排水

图 5-32

在材料查询窗口中查找材料时，可以先根据需要查找材料的类别、性质等，在查询窗口中选择设置材料类别，以便缩小查找范围，也可再对当前类别的材料进行合理的排序，这些都可帮助用户快速查找。当然还有一种更快捷的方法，在"材料查找"框内录入查找材料的名称或名称前部分，再点击"   查找"按钮。

如果材料库中有此类型材料,则立即将其定位为当前材料;如有多条与之匹配,可通过"下一条"或"上一条"直到找到需要的材料。

如果材料库中无此类型材料,则点击"　查找　"按钮,系统弹出"没有匹配的数据"对话框。

材料库中没有需要的材料,则需要先在材料库中添加该材料。用户先点击查询窗口右上角的"　添加新材料　"按钮,系统进入如图 5-33 所示的补充新材料窗口。

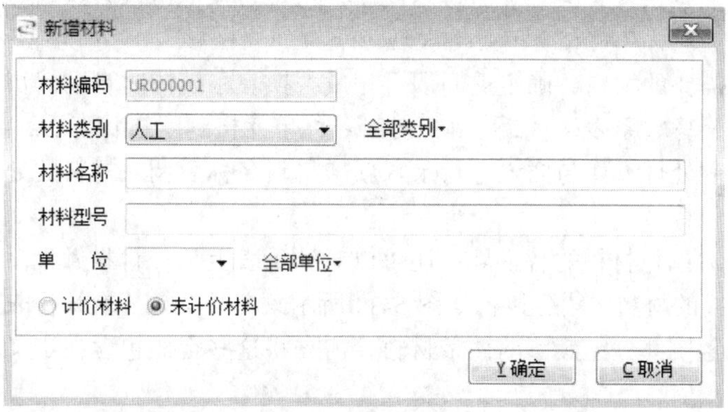

图 5-33

在此窗口内用户录入材料名称、材料型号,选择材料类型、材料单位,材料编码由系统自动生成;再根据实际情况设置其为"计价材料"或"未计价材料"。若为"计价材料",在其基价框内录入材料基价,单击"确定"按钮,将该材料添加到材料库中,以后均可直接选择使用。

删除添加的材料,不能在材料查询窗口中完成,需要回到"系统维护"菜单中的材料库维护的补充材料库中进行删除材料。

插入材料时,如果当前行为材料行,则在该行的前一行插入选中的材料;如果当前行为定额行,则在定额下一行插入选中的材料,作为该定额的第一个材料行。最后输入插入材料的耗量即可。另外,用户也可在数据检索窗口中选择并拖放材料。

2. 插入空行

在定额材料行执行此功能,则是在定额中插入一空材料行。在空行中录入材料有两种方式,一是双击空行的材料名称单元格,系统弹出材料查询窗口,以下的操作方法与上面讲到的插入材料完全相同;二是在空行直接输入材料名称,然后回车,系统根据用户录入的新材料名称在材料库中查找到与之匹配的同名材料,如果找到则将该材料调出使用,否则将同样弹出如图 5-33所示的补充新材料窗口。在该窗口中材料名称和型号根据用户录入的新材料名称分析得出,录入名称中出现的最后一个空格前面的字符串为名称,后面的字符串为型号,如果没有空格则型号为空。当然这里预置的各个材料属性用户都可以修改,其他的材料类型、单位、基价等都需要用户设置输入。但需注意的是,对于装饰或安装等添加主材或设备时应为未计价材料,其价格在计价表或工料机汇总表中录入。设置好各项材料属性后点击"确定"按钮,系统首先向材料库中添加该材料,然后再将该材料属性填入空行相应位置。

定额下新增材料时,如果当前单位工程其他定额中已包含有需要材料,这时可以利用环境菜单或工具栏按钮"　复制　"及"　粘贴▽　"功能来完成。

5.11.3 材料替换

这里的材料替换包括普通材料（非配合材料）的替换和配合材料的替换，两者的处理方式基本一致，但也存在一定的区别。

1. 普通材料替换

对于普通材料的替换，有两种方法可以使用：一是直接双击被替换材料名称单元格，或者双击处于编辑状态的名称单元格（单元格表现为下拉列表框形式），系统弹出材料查询窗口，然后从中找到或添加需要的材料，确定返回即可完成替换。系统同时自动保留两条材料之间形成的替换关系到材料换算关系表中；二是单击材料名称单元格到编辑状态后，直接修改材料名称，然后回车，接下来的处理方式与插入空行录入新增材料名称后调入材料的处理方式完全一样，可参照前面执行材料替换。

除了以上两种对单独材料的替换外，还可以对计价表上某一材料做批量替换处理。批量替换时，先选中待替换的材料，然后执行如图 5-34 所示菜单功能。替换计价表上所有定额下的该条材料。如果只是替换部分定额下的该条材料，需先将这些定额包含在定义块中。

图 5-34

执行该功能，将首先弹出材料查询窗口让用户选择用来替换的材料，然后弹出如图 5-35 所示的对话框让用户确定替换方式。

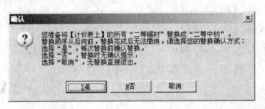

图 5-35

系统在每次找到整张计价表或定义块内的该条材料后，替换前用户可以再次确认是否替换这条材料。是否弹出"确认"对话框，由选择的方式决定，其中选择"是"，替换前需确认（计价表当前行实时停留在当前材料行上）；选择"否"，直接替换无需确认；选择"取消"，则结束批量替换操作。每次替换前的确认提示如图 5-36 所示。

图 5-36

另外，在"工料机汇总表"上修改材料名称、单位或基价，均会触发材料批量替换功能。

材料之间进行过换算关系后，将其保存到主菜单"编辑"中的材料换算关系表调整中。只要此表中有的，即是相互之间发生过换算关系的，以后就只需通过材料的下拉菜单选择材料进行换算，这样既方便又快捷。

2. 配合换算

配合换算是指形成替换关系的两条材料（或其中之一）是配合比或机械台班时的替换操作。与普通材料替换相比，配合比或机械台班不能通过用户直接修改材料名称进行自动匹配，只能从下拉列表框或者从材料查询窗口中选择。因此，无论将何种材料替换为配合比或机械台班，如果下拉列表框中不存在，则只能通过双击材料名称单元格或点击工具栏"配比"按钮从材料查询窗口中找到进行替换。如果当前材料是配合比或机械台班，要将其替换成普通材料，也必须从下拉列表框或材料查询窗口中进行选择替换。

配合比或机械台班被替换后，定额构成中用于构成配合比或机械台班的人工、材料、机械用量也随之扣减，如果扣减用量为零，则自动删除该条目；反之，如果替换后的材料是配合比或机械台班，则构成其对应人工、材料、机械也将自动添加到该定额材料列表中，并自动计算出其材料用量。

温馨提示：如果配合比材料、机械台班及其构成材料都要进行换算处理时，特别是构成材料名称发生改变，先进行配合比材料、机械台班的换算，再进行其构成材料的换算。主要原因是，配合比材料、机械台班在做替换时，是根据原构成材料的名称进行替换，如果先将其构成材料换算后，此材料的名称发生了变化，换算后将新的构成材料添加进来，由于换算名称发生变化的材料仍然保存下来了，因此，与我们实际换算的结果就有差异。

查看配合比定额：如果当前材料行是配合比或机械台班，在环境菜单上，用户可执行查看配合比定额功能，这时将弹出定额查询窗口，并将该材料对应的配合比或机械台班定额作为当前定额，用户可查看到该定额的构成情况。

水泥标号换算：如果当前水泥不是当前项目下某个配合比的组成成分，则其替换过程与其他普通材料完全一样，否则需依据下面的特殊方式进行换算。

3. 材料快速替换

材料快速替换法是对普通材料与配合材料都适用的一种替换方法，但其使用的前提是用户已经在本机上通过其他途径做过同样的材料换算处理。

用户首先选择被替换材料的名称单元格为当前单元格，然后用鼠标左键单击该单元格随之转换成一个下拉列表框，下拉列表框中列出了曾经与当前材料形成过替换关系的所有材料。如果需要的材料存在于列表中，只要选择它就可以完成材料的替换过程。每个用户根据自己的使用情况会出现不同的列表内容，软件用得越久越多，操作起来也就越方便。如果列表中不存在需要的材料，则需分别使用上面介绍的方法完成普通材料及配合材料的替换。无论使用什么方法完成材料替换，替换后的材料均缺省使用被替换材料的用量，同时用新材料的价格重新计算项目人、材、机、综合费及定额基价。

5.11.4　更改材料耗量

构成定额的人工、材料、机械条目的耗量均允许用户修改，修改后系统自动计算各类项目

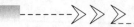

费用。在对配合比或机械台班构成成分的耗量的修改时，定额费用要重新计算，但对应配合比或机械台班单价不会重新计算。

用户对材料耗量的修改可直接输入其耗量，也可在单元格录入运算表达式。因为计算综合单价的需要，系统必须计算材料的定额耗量。如果表达式第一位为运算符（＋、－、×、／），则系统将当前材料原定额耗量与表达式联结后运算产生新的定额耗量，否则表达式产生的结果作为该材料最终耗量，系统将其除以定额工程量的绝对值，计算出该材料定额耗量。

如果以后修改定额工程量，则录入的最终耗量将被重新计算并改变。如果用户需要的是原来录入的最终耗量，则必须重新录入材料耗量。

5.11.5 查看配合比定额

在配合比定额行执行环境菜单材料其他中的"查看配合比定额"功能，进入到如图5-37所示的定额查询窗口。缺省当前配合比定额为当前行，并显示出了配合比定额的构成情况及组成材料明细。

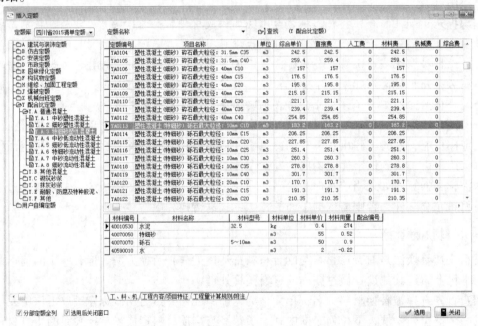

图 5-37

以上介绍的定额运算、材料换算处理，可方便用户查看换算的具体内容，系统对其定额号后自动添加"换"字及"自动添加换算说明"配置具有设置功能。

"编辑（E）"菜单下 ✓ 自动添加换算说明(H) 及 ✓ 自动标注"换"字(X) 功能，根据用户需要利用"√"选进行设置。在"√"选时，对换算的定额在其定额名称后自动添加换算说明，在定额编号后自动标注"换"字；反之，定额做运算处理后，只有其相应内容发生变化，定额编号及名称不改变。菜单上的设置都只能对以后换算的定额起作用。

对已换算的定额要进行设置时，在"清单/计价表"环境菜单及工具栏按钮上配置有换算说明，如图1-42所示，用户可在此再做一定的修改设置。

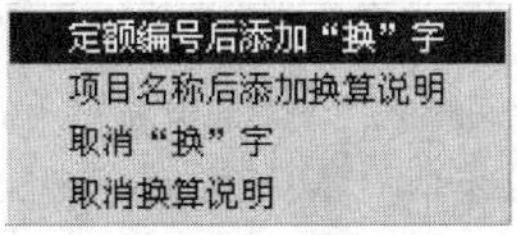

图 5-38

定额编号后添加"换"字：是对已换算的定额而未标注"换"字的进行重新设置。

项目名称后添加换算说明：是对已换算的定额而未添加换算说明的进行重新设置。

取消"换"字：取消定额编号后自动添加的"换"字。

取消换算说明：取消定额项目名称后自动添加的换算说明。

5.12　材料价格录入

在处理材料价格的时候，要注意本软件的一个重要规则，即同一条材料（名称、型号、单位、基价均相同）采用同一价格。因此调整某一定额下的某条材料的价格，均会引起当前单位工程其他定额下同一材料价格的自动调整。该规则带来的直接好处是：对项目套用过程中分析出的材料，系统可以根据该材料在之前套用的其他定额下的价格自动调价，从而省去所有相同名称材料价格录入过程；同时它也带来一些不便，比如在装饰和安装上，某些定额对使用的材料型号没有细化，而做工程时该材料可能因在不同项目下使用不同的型号，导致价格也不相同，但此时因为它们材料名称相同，所以不能录入不同的价格。对这种情况的处理，用户应该首先细化材料型号，让它们彼此区分开，成为不同的材料，然后才能录入互不相同的价格。

本软件处理材料价格的方法及顺序：

（1）调用定额，分析材料。

（2）查找其他项目下的同一条材料，如果找到则采用该材料的当前价格（可能做过调整），否则进入下一步。

（3）如果设置了自动调价表，则根据材料名称、型号、单位在价格表中搜索该材料价格。如果找到，则使用该价格；如果没有设置价格表或在价格表中没有找到相应材料，则直接使用该材料在材料库中的价格。

（4）如果材料价格还需要调整，可手工修改。

无论何种方式产生的最终价格，如果与材料库价格不一致，则重新计算项目各项费用。

由上可知，本软件材料调整方式分两类：一是手工录入材料价格；二是依据材料价格表自动调价。其中手工录入价格优先级高于材料价格表价格。

5.12.1　手工录入材料价格

可以手工录入材料价格的位置，包括计价表和工料机汇总表。

1. 计价表

此软件计价表系统具有两种格式，即定额计价格式和清单计价格式。当然，用户也可以在系统维护的"计价表格式设置"中设置，或是在计价表的环境菜单中自定义其他的格式。在定

额计价格式中，显示材料价格的有定额基价列及综合单价列，基价列显示当前材料定额基价，综合单价列显示其调价；调价时可直接在基价列调整，也可在综合单价列调整，调整后的结果等效。未调整材料价格时两列数据值相同，均为其定额基价；对材料价格调整后，基价列仍为其定额基价，其对应综合单价列数据自动变为调价，两列数字均以其他颜色显示，表示对该材料进行了价差调整。在清单计价格式下，表中综合单价列对材料来说则指材料单价，可以在此修改或录入材料价格。

温馨提示：凡是配合比材料或机械台班不允许直接修改价格的，它们的价格是根据配合比、机械台班库或其构成成分的量与价格计算而得。当修改配合比材料或机械台班构成材料的材料耗量时，配合比材料或机械台班单价不会发生变化；当修改其构成材料单价时，配合比材料或机械台班单价根据其构成成分的量与价格计算而得，在修改了其对应定额构成成分的价格后自动重新计算。

2. 工料机汇总表

工料机汇总表是一个手工录入材料价格的重要场所。因为在工料机汇总表上，计价表项目下的所有同编号材料（配合比及机械台班除外）累加耗量后只以一条材料形式出现，因此在这里调价显得更简洁方便。操作界面如图 5-39 所示。

图 5-39

对材料进行价差调整前，其调价列价格等于其材料基价，单价差及复价差均为零。对当前材料进行价格调整时，用户只需在工料机汇总表调价栏录入当前材料在该工程中的市场价格，系统会自动计算出其单价差（调价－基价）、复价差（单价差×材料数量）。调价列数值以其他颜色显示，以便用户区分。

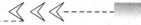

只要对其中任何地方材料价格进行修改，都将自动导致另一个地方价格做同样修改，以及重新计算相关联的所有定额及项目的相关费用。

5.12.2　价格表自动调价

自动调价价格表的设置功能放置在“价表设置”中，如图 5-40 所示。

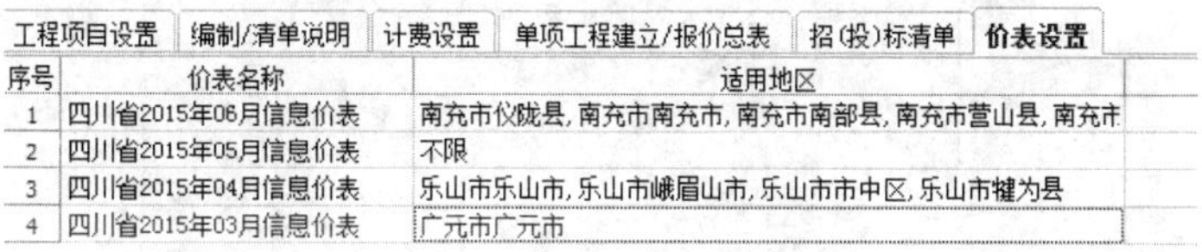

工程项目设置
编制/清单说明
计费设置
单项工程建立/报价总表
招(投)标清单
价表设置
序号
价表名称
适用地区
1 四川省2015年06月信息价表
南充市仪陇县,南充市南充市,南充市南部县,南充市营山县,南充市
2 四川省2015年05月信息价表
不限
3 四川省2015年04月信息价表
乐山市乐山市,乐山市峨眉山市,乐山市市中区,乐山市犍为县
4 四川省2015年03月信息价表
广元市广元市

图 5-40

利用材料价格表调价时，在价表名称中选择信息价表，如图 5-41 所示。

价表选择
年度 2015
来源 省站造价信息
四川省2015年01月信息价表
四川省2015年02月信息价表
四川省2015年03月信息价表
四川省2015年04月信息价表
四川省2015年05月信息价表
四川省2015年06月信息价表
已选价表（在'使用地区'列点按钮选择地区）
价表名称
适用地区
1
南充市顺庆区
加入已选
删除已选
确定
取消

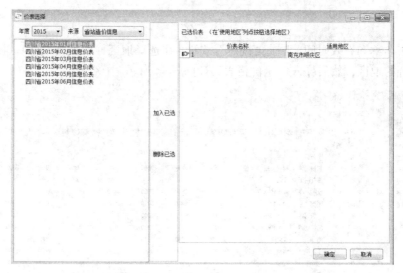

图 5-41

若价表中没有相应的信息价，则在“系统维护”中选择“材料价格表维护”，如图 5-42 所示。

材料价格中心
价格库
年度 2015
来源 省站造价信息
查询条件
材料名称
材料规格
地区
其他条件
期刊名称
材料名称
材料规格
材料类别
单位
单价
产地
品牌
商家
地区名

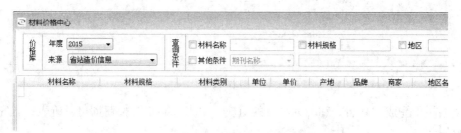

图 5-42

在来源中选择个人采集，单击鼠标右键，选择“个人采集材料维护”中的“个人价表维护”，单击鼠标右键，选择新增个人价格表，如图 5-43 所示。

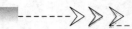

图 5-43

录入价表名称和有效时间，单击"确定"按钮，在选择地区栏中点击鼠标右键，配置地区，选择价表适合的地区，然后导入信息价格表，如图 5-44 所示。

图 5-44

在表格栏中完成"列名"和"列号"的对应，单击"确定"按钮即可。价表设置完成后，就可以调用。

在工料机汇总表中，单击使用价表调价即可，如图 5-45 所示。

说明:本表将材料名称、规格型号与单位相同的材料视为同一条材料,同一条材料在各单位工程中应该有相同的调价、暂估属性、品牌产地与备注信息等。本功能模块用于检查各属性的一致性(观察相应单元格颜色),以及统一设置各材料的相关属性。
颜色配置方案: 背景表示各单位工程设置不一致   前景表示调价与基价不相等   表示初始调价有修改
粗显调价为暂估价;双击调价、品牌及备注单元可查看其在各单位工程中的设置明细;右键菜单可修改调价暂估属性。

图 5-45

5.12.3   用其他工程材料表调价

在"工料机汇总表"中,单击右键菜单,选中"用其他工程材料表调价"功能。也可在"工料机汇总表"的工具栏按钮"调价"下选取,如图 5-46 所示。

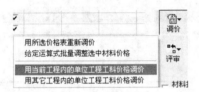

图 5-46

此功能包括从当前工程内的单位工程及其他工程内的单位工程材料表中调用。

1. 用当前工程内的单位工程工料价格调价

执行功能后弹出"单位工程工料机汇总表价格查看"窗口,如图 5-47 所示。

图 5-47

从窗口左边选择作为调价依据的单位工程，右边则显示出选定的作为调价依据的单位工程的材料及价格信息和当前需要调价的单位工程调价（＝B）。若选中不是单位工程，则右边无任何材料信息。窗口下面为注明事项及操作按钮。

（1）粉红底色材料行为两单位工程均存在的材料行，对应材料是根据其材料名称、型号、单位、基价均相同来判定的，其产地、品牌及特殊要求不作为材料对应依据。

（2）作为调价依据的单位工程有而当前单位工程没有的材料行显示为白底色，其"当前单位工程调价（＝B）"列当然无调价值，系统设置以"－"表示，在此单元格内用户不能做任何修改录入。

（3）"选定作为调价依据的单位工程调价（＝A）"与"当前单位工程调价（＝B）"两列显示为黄底色的，则提示同一材料存在调价差异，这些一般就是需要设置其[调价 B]为[调价 A]的材料行。

（4）用户通过窗口下面的"当前行置[调价 B]为[调价 A]""所有行置[调价 B]为[调价 A]""当前行恢复[调价 B]""所有行恢复[调价 B]"按钮改变当前单位工程相应的材料调价，利用"所有行置[调价 B]为[调价 A]"时，系统自动提示"是否保留前面已调价格信息？"需要用户根据实际情况进行确认。[调价 B]显示为红色的，则表示为改变过的调价 B。

当前单位工程根据选用的单位工程调整好材料价格后，点击"修改应用"按钮，弹出如图5-48所示的对话框，需要用户进行选择确认。

图 5-48

2. 用其他工程内的单位工程工料价格调价

执行此功能后弹出"打开工程"对话框，从对话框内找到作为调价依据的其他工程并打开，同样进入到"单位工程工料机汇总表价格查看"窗口。以下的其他操作等同于用当前工程的单位工程工料价格调价的相应功能。

5.13　项目、定额排序处理

单位工程"清单/计价表"中项目、定额调用时，为了便于核对，可能录入在同一段落、分部内，核对完成后由于计算或输出报表要求，需对项目、定额在相应区域内进行分部管理及排序操作。

区域分部、小节、项目、定额及定额材料等内容除了软件具备的一些自动排序功能外，用户还可以通过用环境功能或鼠标拖拉的方式在规则允许范围内调整顺序。

环境菜单功能设置主要是对所套项目或定额进行分部管理及排序设置。在"清单/计价表"任意位置点击鼠标右键，执行数据排序菜单功能或点击工具栏"排序"按钮，其子菜单内容如图5-49所示。

图 5-49

"项目清单排序"应用于对清单计价方式下所套清单项目按编号排序，对只套用有定额的定额计价方式工程无效。定额排序应用于定额计价格式下对所套定额按编号排序，其中"定额排序 1（保持当前段落结构）"也可对清单计价格式下项目所属定额进行按编号排序。各个排序方式如下：

项目清单排序 1（保持当前段落结构）：清单项目在已设置段落结构内按编号顺序排列，没有放在任何框架内的项目按编号顺序自动放置在最前面；段落上计算的措施费用保持不变。

项目清单排序 2（自动分部）：根据项目编号自动添加所属分部框架，将所有项目按分部分开排列，并将项目按序号顺序放置在对应分部内。

若先前未对项目做任何段落、分部划分，则直接根据项目编号建立相应分部结构。

若先前已对项目设置有段落、分部，且在段落、分部上计算有措施费用，执行此功能后，弹出如图 5-50 所示的"提示"对话框，这时原来设置的段落、分部及其在上计算的措施费用将一并被清除，完全按分部顺序重建需要的分部。

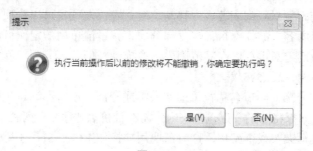

图 5-50

项目清单排序 3（取消分部）：取消分部框架，项目按编号进行整体排序，同样会弹出如图 5-50 所示的"提示"对话框，这时不仅取消已布置段落、分部结构，段落、分部上计算的措施费也将一并清除，需要用户确认。

三种排序方式共同之处在于自编项目同样根据其基础编号参与排序，定额、项目上计算的措施费用（定措、项措）跟随相应定额、项目，各项目、定额所做换算处理及选用的综合单价计算模板等均保持不变。

定额排序 1（保持当前段落结构）：所套定额在设置段落结构内按定额编号排序，若同一段落内套用有不同数据库的定额，同样按编号排列；没有放在任何框架内的定额按编号顺序自动放置在最前面；段落上计算的措施费用保持不变。

定额排序 2（自动分部）：根据定额编号自动建立所属分部结构，将所有定额按分部分开排列，并将定额按序号顺序放置在对应分部内。

若先前未对定额做任何段落、分部划分，则直接根据定额编号建立相应分部结构；

若先前已对定额设置有段落、分部，且在段落、分部上计算有措施费用，执行此功能后，弹出如图 5-51 所示的对话框，这时原设置的段落、分部及其在上计算的措施费用将一并被清除，完全按分部顺序重建需要的分部。

图 5-51

同一单位工程中套用有不同数据库定额（既套用有四川省 2000 定额，又套用有四川省 91 定额），系统将按不同数据库定额分部建立对应分部结构。这时可能出现两个或多个相同分部结构，根据需要用户可删除其中多余相同分部框架，再利用鼠标拖动功能进行调整得到需要的效果。

定额排序 3（取消分部）：取消分部框架，定额按编号进行整体排序，同样会弹出如图 5-51 所示的对话框，这时不仅取消已布置段落、分部结构，段落、分部上计算的措施费也将一并清除，需要用户确认。

温馨提示：利用排序功能自动分部、排序后，不能恢复原来的顺序及分部结构，请用户谨慎操作。

利用鼠标拖拉调整相互顺序时，为了避免对其他操作带来的不便，鼠标拖拉时只限于计价表中的序号列。计价表项目清单、分部、小节、调整规则定义如下：

材料只能在当前定额材料列表范围内移动位置；定额及项目可以跨项目、分部移动，其停放位置是在相应清单内容内的任意行，即分部分项工程量清单内的定额可以在其范围内任意拖动，措施项目清单内的定额也可以在其范围内任意拖动，但分部分项工程量清单内的定额不能拖动到措施项目清单内，反之亦然。

被移动行如果是分部、小节名称行（框架头）或分部、小节小计行（框架尾）等，表示进行分部或小节移动。如果将它们一起调整，则只需在计价表"序号"列利用鼠标拖动功能即可；如果只扩展或收缩其框架头或框架尾，这时需要用户按住【Ctrl+Shift】键，再拖动到相应的位置。

如果用户停留在非合法的位置行上，系统将自动放弃移动处理。并非被移动行上的所有位置均可实行拖拉，成功启动拖拉过程时鼠标箭头后有一小型方框显示，计价表的拖拉位置在第一列（"序号"栏）上。

5.14　计价表标记功能

（1）标记颜色（种类）共 6 种，用户可在"选项"功能的颜色设置区域进行标记色自定义。

（2）除了对当前行进行标记或取消标记功能外，增加对定义块的整块标记或取消标记功能。

F段1		分部分项工程量清单						
F段	0101	土石方工程						
F目1	010101001001	平整场地	344.860	m2	1.34	462.11	0.63	2
F目2	010101004002	挖基坑土（石）方	786.820	m3	25.03	19694.10	18.23	143
F目3	010103001003	回填土（石）方（包括房心回填）	322.190	m3	7.88	2538.86	5.40	17
F段		小计				22695.07		163
F段	0103	桩基工程						
F目4	010302004004	挖孔桩土方				22664.34	69.11	178
F目5	010302004005	挖孔桩石方				35195.53	243.65	295
F目6	010302005006	桩混凝土C30				13241.02	25.76	69
F目7	010302005007	桩护壁混凝土C30				43639.26	81.82	76
F段		小计				114740.15		617
F段	0104	砌筑工程						
F目8	010401001008	砖基础 M5.0水泥砂浆砌MU15实心砖				1861.93	75.12	4
F目9	010401005009	M5.0混合砂浆砌MU5.0页岩空心砖墙				52117.02	89.28	397
F目10	010401014010	排水沟				23382.50	88.01	75
F目11	010401012011	屋面出入口				52.70	7.84	
F目12	010401012012	拖布池				1148.35	70.64	4
F目13	010302006013	砖砌服务台	1.000	个	4208.35	4208.35	1172.96	11
F段		小计				182770.85		494
F段	0105	混凝土及钢筋混凝土工程						

标记颜色　标记色①　标记色②　标记色③　标记色④　标记色⑤　标记色⑥

图 5-52

（3）在计价表左边固定列增加对应行标记状态提示功能，该功能可以在计价表右键菜单上进行设置或取消。

（4）增加与标记相关的快捷功能。

【Ctrl+1】【Ctrl+2】【Ctrl+3】【Ctrl+4】【Ctrl+5】【Ctrl+6】：为当前行（或定义块）设置对应颜色的标记；【Ctrl+0】：取消当前行（或定义块）标记设置；【Ctrl+Shift+0】：取消计价表所有标记设置；【Alt+1】【Alt+2】【Alt+3】【Alt+4】【Alt+5】【Alt+6】：从当前行开始向下查找对应颜色的标记行；【Alt+0】：从当前行开始向下查找标记行（不分标记种类）；【Ctrl+Alt+1】～【Ctrl+Alt+6】：从当前行向上查找对应颜色标记行；【Ctrl+Alt+0】：从当前行开始向上查找标记行（不分标记种类）。

（5）对当前行还是定义块操作的区分设置：如果当前行是属于定义块，则对当前块进行设置或取消标记操作，否则对当前定义行进行设置或取消标记操作。

5.15　清单组价内容复用

清单计价专家提供对工程、子项工程、清单、定额、材料等各个层次上的复制功能，这些功能都可以帮助用户进行快速、准确地完成清单报价任务。"组价复用"是为适应当前应用情况开发的重要补充功能，它的主要作用是将一个清单的组价定额（包括定额换算、综合单价模板）直接复用到另一个清单下。比如一个大的小区开发预算，各栋楼的工程量清单基本一致，只是工程量有出入，用户可根据工程的建设情况选择使用上述复制或复用功能。若有类似小区的计价工程，可复制该工程文件，然后修改。

已做完某个单项（如 1#楼）或单位（如 1#楼建筑工程）工程，要做另一个类似的单项或单位工程，可在软件中复制并粘贴该单项或单位工程。

如果是从招标文件提供的招标清单电子文档导入的清单数据，由于不必也不能修改清单数据（工程量、项目特征等），所以不适宜用工程复制的方法复用组价内容，此时可选用"组价复用"功能。

"组价复用"可从两个方向进行，一是为待组价清单选择被复用清单（一对一）；二是为已组价清单选择复用目的清单（一对多）。二者的切换只需要通过切换方向命令实现，如图 5-53 所示。

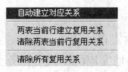

图 5-53

该界面可为当前单位工程的清单项目指定被复用清单。被复用可选清单来自于当前工程或其他工程的单位工程（用户指定），匹配方式与 9 位清单基础编码相同，用户可以直接使用"自动建立对应关系"，如图 5-54 所示。

图 5-54

也可以手动的方式去重新确定或者取消新的对应关系。建立的关系会通过连线的方式显示，使复用显得更加直观。建立对应关系后，点击"复用"即可完成组价的复用。

5.16 措施项目清单

新版软件中的"措施项目清单"是单独的一个页面，分离原因可以参看计价表分离说明。

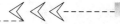

选中页面标签上的"措施项目清单"中的"调用措施项目清单模板"功能，或者点击鼠标右键→"措施项目清单"下拉菜单中"调用措施项目清单模板"，如图 5-55 所示。

图 5-55

图 5-56 是系统所预置的措施项目清单模板内容，包括总价措施项目、单价措施项目。总价措施项目主要为政策文件规定计取费用，其计算公式及费率系统已根据文件预置好，一般不需要再做其他操作。切记在选用模板计算综合单价时，一定不能选择此部分内容。总价措施项目用于各专业套用定额的措施项目的计算，其操作方法等同于分部分项工程量清单。

模板名	大小	修改日期
(原)GB50500-2008措施项目清单模板	76KB	15-8-31 16:24
2013措施项目清单模板-仿古建筑工程	125KB	15-8-31 16:24
2013措施项目清单模板-园林绿化工程	61KB	15-8-31 16:24
2013措施项目清单模板-城市轨道交通工程	75KB	15-8-31 16:24
2013措施项目清单模板-市政工程	118KB	15-8-31 16:24
2013措施项目清单模板-建筑与装饰工程	102KB	15-8-31 16:24
2013措施项目清单模板-构筑物工程	61KB	15-8-31 16:24
2013措施项目清单模板-爆破工程	34KB	14-1-24 13:54
2013措施项目清单模板-矿山工程	49KB	15-8-31 16:24
2013措施项目清单模板-通用安装工程	48KB	15-8-31 16:24
GB50500-2008措施项目清单模板	142KB	15-5-11 10:23
GB50500-2013措施项目清单模板	102KB	15-8-31 16:24
四川省措施项目清单模板	47KB	15-8-31 16:24
国标-措施项目清单模板	30KB	15-8-31 16:24

图 5-56

在模板内选择需要的模板，单击即可。措施项目的录入方式如下：

1. 直接录入费用

对于不需要调用项目及定额，直接就是一笔费用的措施条目，只需直接插入空行再录入其编号、名称，该行数据自动标记属性为"费"并编号，用户就可以继续直接录入工程量、单位及各单位合价数据。

2. 利用已有数据计算产生新的措施费用

还有一些措施费用，既不调用项目及定额，也不是直接录入一笔费用，而是由计价表上其他数据通过运算产生新的费用（例如在分部分项工程量清单的分部、段落中计算了安装的脚手架搭拆费、高层建筑增加费等措施费用，又需要调用到措施项目清单内）。录入这样的费用项目时，还是先插入空行并录入编号、名称，待其标计属性为"费"，再执行其环境菜单上的置为"公式计算费用"行功能，系统更改属性为"计"，同时工程量单元格文本置为"计算式"。意思是

该行费用的计算公式应在此处录入，但是该处公式不能直接编辑，必须通过鼠标双击进入如图5-57 所示措施项目计算公式编辑窗口。

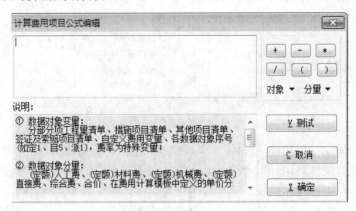

图 5-57

在这里编辑公式所使用的变量及规则规定如下：

（1）我们把要调用的费用行称为"数据对象"，费用行的各费用值称为"数据对象分量"。

（2）数据对象变量可以是计价表上任何编有序号的数据行，如定 1、目 5，部 2，段 3 等。此外，还有两个综合变量："分部分项工程量清单"与"措施项目清单"。

（3）数据对象分量变量有：（定额）人工费、（定额）材料费、（定额）机械费、（定额）直接费、综合费、合价，以及用户在费用计算模板中自定义的单价分析变量，如"%利润%""%临时设施%"等。

（4）数据对象变量可在公式中单独使用，数据对象分量必须带有数据对象变量前缀，两者之间加半角点"."（如措施项目清单、人工费、合价）。

（5）公式中不能在直接调用数据对象变量时，又调用数据对象分量；数据对象变量直接参与运算时，将分别计算各分量；若公式中只出现单一分量时，计算结果自动赋值给对应字段，否则只赋值给"合价"字段。

（6）公式正确性检测内容还包括：调用的数据对象是否存在；对象调用是否存在循环；整个公式是否满足四则运算要求等。

（7）在提取数据对象"措施项目清单"费用值时，不包含通过计算产生的措施费用条目。

若需要将利用公式计算费用的措施项目改变为直接录入费用项目，即由"计"改变为"费"，同样执行环境菜单置为"直接录入费用"行功能即可，并允许打印之间相互切换。

5.17 其他项清单/零星人工单价清单

针对单位工程计算其他项目清单及零星人工单价清单的工程很少，一般为整个工程项目。对单位工程编辑其他项目清单时，在相应计价表中完成，零星工作项目人工单价清单在段落格式上归属于其他项目清单；对整个工程项目编辑其他项目清单时，在工程项目功能标签"招标清单"中完成，零星工作项目人工单价清单与其他项目清单完全分开。其他项目清单与措施项目清单一样可以直接添加"直接录入与计算子行"，"直接录入费用行"可以直接转换为"项目

清单"。

5.17.1　单位工程其他项目清单/零星人工单价清单

操作在相应计价表中完成。其结构、调用方式、操作方法、步骤等与上面介绍的措施项目清单内容相似，请参照执行。

编辑数据为"四川省工程量清单招标用表"中"单位工程报表"的"其他项目清单"及"零星工作项目人工单价清单、计价表"的数据来源。

系统以模板方式体现，其他项目清单模板如图 5-58 所示。

		其他项目清单		半川	合川
Q段1	1	暂列金额			
Q计1	1.1	暂列金额	合价*费率	⟨费率⟩	
Q段1.		小计			
Q段1.	2	暂估价			
Q费1	2.1	材料(工程设备)暂估价	项		
Q段1.	2.2	专业工程暂估价			
Q段1.		小计			
Q段1.:		小计			
Q段1.	3	计日工			
Q段1.:	一	人工			
Q费2	1	建筑、市政、园林绿化、抹灰工程、措.	工日		
Q费3	2	建筑、市政、园林绿化、措施项目混凝.	工日		
Q费4	3	建筑、市政、园林绿化、抹灰工程、措.	工日		
Q费5	4	装饰普工	工日		
Q费6	5	装饰技工	工日		
Q费7	6	装饰细木工	工日		
Q费8	7	安装普工	工日		
Q费9	8	安装技工	工日		
Q费10	9	抗震加固普工	工日		

图 5-58

其他项目清单与措施项目清单不同之处在于其他项目清单中另包括有一单独报表"零星工作项目费"，零星工作项目费用需插入一自定义段落或分部进行区域界定。

打印设置时，当打印其他项目清单套表时，一般只打印零星工作项目费名称行，其具体内容可设置为禁止打印。但打印零星工作项目费用套表时，其具体内容是需要打印的，因此需要用户重新设置打印。

若其他项目清单套表及零星工作项目费套表需要打印各类费用小计时，这时需要用户插入自定义段落或自定义分部进行界定，将自定义段落或自定义分部名称改为该类费用名称。然后允许打印其段落或分部名称行和具体费用行，其小计行禁止打印，此时报表中内容格式为需要的此类费用小计费用，下面附带具体数据。

5.17.2　工程项目其他项目清单/零星人工单价清单

对整个工程项目提供时，其他项目清单与零星工作项目人工单价清单是完全分开的，操作界面在工程项目"招（投）标清单"功能标签中，如图 5-59、图 5-60 所示。

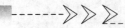
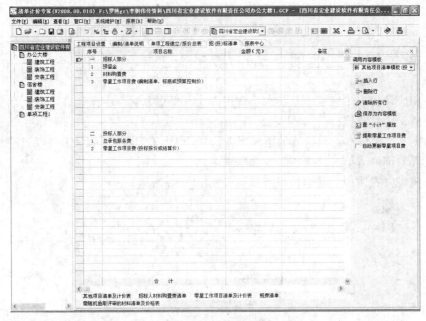

图 5-59　其他项目清单计价表

图 5-60　零星工作项目清单及计价表

其他项目清单及计价表招标人部分工程预留金、材料购置费及投标人部分的总承包服务费，数据均在此直接录入，用户也可执行插入行、删除当前行、清除所有行、保存为内容模板及设置"小计"属性等操作。

编辑数据为"四川省工程量清单招标用表"中"工程项目汇总报表"的"其他项目清单及计价表"的数据来源。

零星工作项目人工单价清单系统以模板方式体现，根据工程需要可任意修改其中内容，也

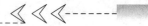

可保存为内容模板以便以后直接调用。

当招标方用作提供零星工作项目人工单价清单时，只需编辑、修改序号及项目名称内容，不录入单价信息，最后得到"四川省工程量清单招标用表"中"工程项目汇总报表"的"零星工作项目人工单价清单"报表；当投标方对零星工作项目人工单价报价时，根据招标方提供的清单填入其单价数据，最后得到"四川省工程量清单计价用表"中"工程项目汇总报表"的"零星工作项目人工单价报价表"报表。

单价数据的编辑，可以直接录入单价数据，也可调用单价信息。在该界面的下面有一个"单价信息"辅助窗口，可利用鼠标拖拉之间的间隔带调整表格的区域大小。

单价信息窗口内根据所在地区及执行开始时间显示出相应的单价数据及备注内容。这里用户可自己编辑内容：首先在相应编辑框内录入所在地区名称及执行开始时间（如已存在，可从下拉菜单中选择调用），再在对应的右边区域编辑录入工种、单价及备注内容（工种录入时也可从下拉菜单中选择调用，备注可不录入），然后根据窗口右边配置的"保存""放弃""添加""删除"操作按钮完成编辑。

数据的调用：首先选择当前工程的所在地区及执行开始时间，然后在当前行位置选择对应数据双击调用或选中点击"选用"按钮即可。

5.18　签证及索赔项目清单

在"清单/计价表"中插入签证及索赔项目清单框架，框架内集成了分部分项工程量清单、措施项目清单及其他项目清单所有操作功能，合计直接汇总表"费用汇总表"相应费用行中，计价表费用明细最后得到签证及索赔项目清单计价表数据。

签证及索赔项目清单、其他项目清单和措施项目清单一样可以直接添加"直接录入与计算子行"，"直接录入费用行"可以直接转换为"项目清单"。

5.19　招标人材料购置费清单

用于对整个工程项目提供招标人材料购置清单，操作界面如图 5-61 所示。

图 5-61

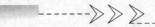

如果"清单/计价表"未套用定额，用户只能直接录入招标人购置材料序号、名称、规格型号、单位、数量、单价及备注内容，金额由相应数量及单价自动计算而得（数量×单价）；

如果套用有定额，除可采用直接录入外，也可通过环境菜单或工具栏按钮"汇总所含工程材料"功能将包含的所有单位工程材料汇总——不同材料依次添加，相同材料量进行汇总。

对汇总的工程材料用户可作进一步编辑，主要操作内容如下：不作为招标人材料购置费清单的，可通过"删除当前行"功能或直接按【Delete】键删除，或者定义块删除块数据内容；也可先对其按需要进行排序，点击"排序"按钮（见图 5-62），选择排序的依据，即金额、数量或单价，然后再设置"保留前 N 条材料"，删除其后所有材料即可。

图 5-62

"招标人材料购置费清单"为用户自行编辑的内容，材料数量、单价等信息不会自动刷新。由此内容生成报表前，最好先执行环境菜单或工具栏按钮中的"刷新材料数量金额"功能，以保证数据的正确性，如图 5-63 所示。

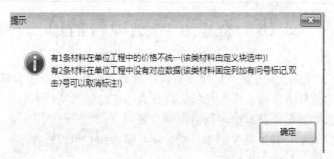

图 5-63

"插入行"添加其他材料，最后通过"重新生成材料序号"功能对招标人购置材料从 1 开始自动添加序号。

编辑好后可保存为内容模板，以便以后工程直接调用。此处内容将作为招标人材料购置费清单数据来源。

5.20 需随机抽取评审的材料清单及价格表

工程项目需随机抽取评审的材料清单及价格表的处理，操作界面如图 5-64 所示。本页内容最好在工程完成后再生成，操作顺序为汇总→排序→删除多余项。数据和金额主要用于排序，它不会随着工程的变化自动刷新，需要时可手动刷新数量和金额。

操作方法同招标人材料购置费清单，请参照执行。除此以外，需随机抽取的评审材料也可在单位工程工料机汇总表中通过"加入需评审材料清单"直接加入。

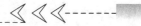

图 5-64

5.21 规费清单

规费清单界面如图 5-65 所示，操作方法与零星工程项目清单及计价表相同，最后作为规费清单报表的数据来源。

图 5-65

规费清单计价表操作在"费用汇总表"中进行，后面再作详细介绍。

5.22 综合单价计算模板及单价分析模板定义

当用户对某工程采用清单计价方式计算项目的综合单价时，可能会使用此模块，主要用于对计价表清单项目综合单价的计算及地区定额人工费的调整。模板的定义在单位工程的"计费设置"窗口中完成，操作界面如图 5-66 所示。

图 5-66

5.22.1 综合单价计算模板定义

计算项目综合单价时，不同工程的综合单价计算方式、费用内容、费率等可能均不同，因此系统根据需要内置了多个常用的费用计算模板，以便进行选择调用。费用计算模板选择定义的步骤一般有以下内容：在界面正上方的"模板选择"的下拉框内选择适合的模板；查阅模板配置的说明内容及费用计算模板详细内容；根据需要整理、修改综合单价计算模板内容，即可插入费用项目、删除费用项目、修改计算公式等；修改整理后的模板可保存为新的费用计算模板，便于以后工程直接调用；自动提取费率，并根据实际情况做一定调整。

费用计算模板结构：配有取费基础及说明，模板内分"费用编号""费用名称""计算公式""费率""计价表字段"与"单价分析变量"6个数据列项。其中：

"费用编号"由字母 A~Z 依次排序构成，费用的子项由 A.1、A.1.1…构成，由编号可看出各行费用间关系。

"费用名称"指明该项目费用含义，用户可修改。

"计算公式"是软件用于计算该项费用的程序计算表达式。由于费用的计算公式直接影响该项费用的计算金额以及调用该模板项目的综合单价，因此用户修改一定要谨慎。但其中的变量、格式必须符合软件定义要求。在单元格的编辑状态下点击鼠标右键，执行插入费用变量功能，其后菜单显示出了所有变量内容，如图 5-67 所示。用户定义的汉字变量只能在此菜单中选择使用。

图 5-67

如果需要定义返回计价表"综合费公式"列的公式文本，其内容也录入在"计算公式"列，但必须在其前后加上"<>"以示区别，否则系统将作为一个通常的费用计算公式处理，不能通过公式正确性检查。这种公式里调用的系统变量不同于其他公式，仅有 6 个变量，如图 5-68 所示。

图 5-68

"费率"用于用户录入计算公式中使用的费率值，也可通过环境菜单或工具栏按钮费率提取来完成，也可执行菜单从其他数据库提取费率。

"计价表字段"模板中此项费用对应计价表字段的设置，一般只需在此列单元格下拉菜单中进行选择设置。费用名称不能重复定义，也不能无效定义；若采用手工录入时，其录入费用名称必须在下拉菜单中存在，否则系统会弹出如图 5-69 所示的"提示"对话框。

图 5-69

"单价分析变量"是在单价分析模板或最后报表中需用到的变量设置。计价表字段有的费用内容，可直接从计价表字段提取，不需要设置单价分析变量。

用户只需在相应单价分析变量单元格内录入变量名称，再回车即可。其格式自动变为系统设置格式"％％"，中间内容则为变量名称。

为了满足用户修改或新建费用模板，或者在模板内进行内容设置的要求，在费用计算模板中配制了如下几个环境操作菜单（其操作功能等同于工具栏按钮），如图 5-70 所示。

图 5-70

存为综合单价计算模板：用户在对系统模板做一定修改或者新建一个综合单价计算模板时，可执行此菜单功能保存为新的综合单价计算模板，便于以后直接调用；费率提取当前设置定额数据库下的费率。费率提取功能使用的前提是在"工程设置"页面先设置取费描述信息；

维护菜单中"费用项目定义"中定义了相应费率；相应费用项目已设置费率属性。

若有其特殊情形的，可利用"费率查询/选用"进入取费费率查询窗口（见图 5-71），选择需要的费率进行调用或者直接手工修改录入。

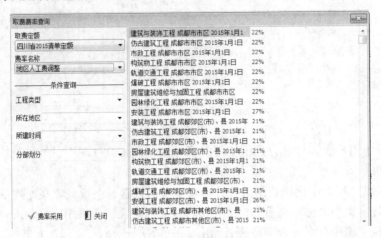

图 5-71

取费费率查询窗口内包含了所有定义的费用费率。其调用方法：通过取费定额下拉框选择查询费用项目所属定额库；选择查看费率名称；在条件查询框内逐次选择其相关信息，这时根据条件查询内容所需要的费率就极小范围地显示在其右框内；选中所需费率双击或点击"√费率采用"按钮就可将其调用。

查询窗口不能修改其费用名称及费率，其中的所有费率内容都是从费用项目定义窗口中调用的。添加定义费用费率，需要回到"系统维护"菜单中的费用项目定义中。详细方法参见相关项目的内容。

设置当前费用性质为采用自动提取费率，费用模板行需与费用项目定义内容相匹配的设置。

执行环境菜单中的设置当前费用性质功能，弹出如图 5-72（2009 定额）、图 5-73（2015 清单定额）所示的菜单。

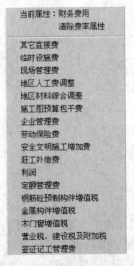

图 5-72

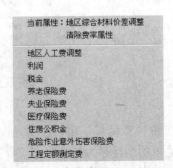

图 5-73

用户对当前行费用进行属性定义，只需选中其对应费用名称即可。也可通过清涂费率属性取消其属性定义。

插入费用项目（空行）：在当前位置插入一空行，用户可以录入费用编号、费用名称、计算公式及费率等数据项。插入费用项目时，费用编号需按顺序排列，因此所有费用项目需依次递增按顺序重新编号，所有费用计算公式中对费用编号的引用也自动更新，完全保持原来的对应关系。对于新增费用项目在费用表上的引用，需要用户根据费用关系修改相关费用项目的计算公式。

添加当前行费用子目：是在原来已有的费用项目下添加子项目，所有子费用项目合计构成原有费用项目，并且会自动给费用名称编号并修改相关公式。执行该功能时只要在该费用范围内，系统总是添加在最后一个子费用项目的后面。

删除当前费用项目：若当前费用项目含有子项目时，则将与其子费用项目一起删除，同时当前费用项目在其他费用项目计算公式中被引用的也将被取消计算。

清除费用表内容：将当前综合单价计算模板显示内容清空；按编号顺序排列将费用计算模板中的费用项目按字母顺序排列；费用编号批量调整当在模板中间位置插入费用项目时，其后的所有编号字母都需进行修改，这样比较麻烦且费时。因此软件设计了此功能，可让后面的费用编号依次递增几个字母，使修改操作一步完成。执行此菜单功能后，进入如图 5-74 所示的窗口中，用户通过下拉框选择"调整范围"及"调整方法"，然后点击"确定"按钮即可。

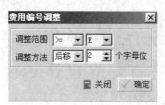

图 5-74

5.22.2 单价分析模板定义

由于不同工程项目的综合单价分析无论表样还是组成情况都有可能不同，在这里可根据工程的需要定义不同的单价分析模板。用户也可进行修改，一般情况下，综合单价分析模板内容应与选择费用计算模板内容相对应，即按综合单价的组成内容配套设置选用。

在"清单/计价表"快捷按钮区点击"单"按钮，显示"定额或项目综合单价明细"工作窗，打开综合单价分析器辅助窗口，如图 5-75 所示。

序号	编码	名称	单位	数量	综合单价				
					人工费	材料费	机械费	综合费	小计
1	FB0033	其它模板安、	10m2	9.96	232.13	260.83	22.01	76.24	591.21
		小计			232.13	260.83	22.01	76.24	591.21

费用计算　工作信息　单价分析　数据检索

单价分析模板选择

综合单价=人+材+综合　▼

○ 单价　　○ 合价

单价分析数据显示

单价分析模板编辑

保存为单价分析模板

图 5-75

点击界面右边按钮区的"单价分析模板编辑"按钮使之灰显，进入模板编辑状态。

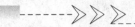

通过单价分析模板的下拉框，可选择需要的模板，也可对其再进行必要的修改。在单价分析模板内任意位置点击鼠标右键，弹出如图 5-76 所示的对话框。

图 5-76

用户对已有模板做了一定修改或者新编辑一个模板时，可利用环境菜单"存为费用计算模板"保存为一个新的单价分析模板，以便以后直接调用。

对表头用户也可进行编辑修改，主要修改方式为：表头添加一行，在表头最后一行添加一空行；表头减少一行，删除指定的表头行；插入列，在指定列前插入一空列，插入的列包括表头及正文区；添加列，在最后添加一列，格式同"插入列"；删除当前列，删除当前列所有内容。

用户如果要对当前表头进行编辑，可通过执行菜单功能中的"表头单元格编辑"功能或者直接双击需要编辑的单元格，这时模板右上角会出现表头编辑区（见图 5-77），用户可以通过录入表头名称、选择合并方式及合并单元格数量等方式来定义表头格式。

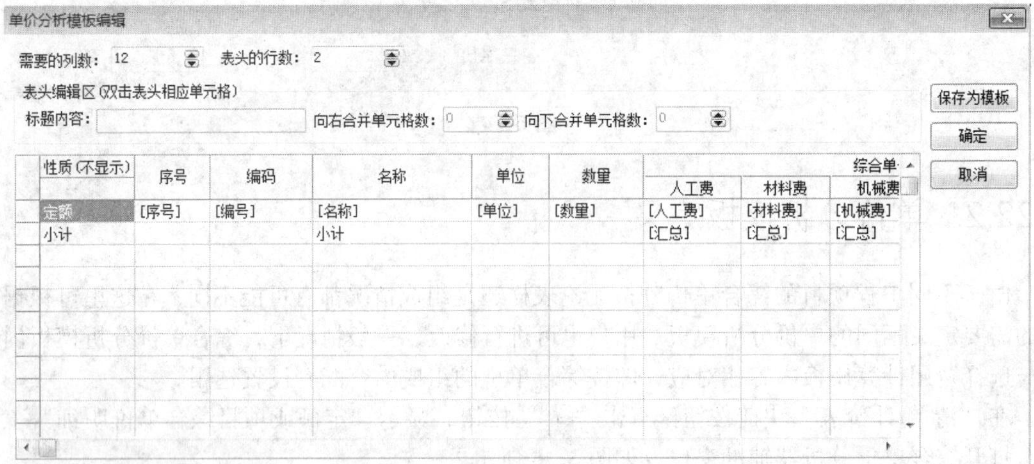

图 5-77

表格编辑完成后，再在空行位置编辑状态下点击鼠标右键，让用户选择"提取变量"。系统根据费用计算模板的内容设置有部分变量，没有的变量可通过在费用计算模板的"单价分析变量"中进行设置，设置方法见费用计算模板对应内容，然后再在单价分析模板中录入即可。要增加或减少空行，可通过环境菜单中的"插入行"或"删除当前行"完成。

变量设置完成后，在其下一行进行数据汇总设置。

模板内数据可根据需要进行单价、合价显示的设置。点选"单价"时，各数据值为当前对象的相应单价数据，否则各数据值为其合价（工程量乘以单价）。

5.23　综合单价计算

项目综合单价的计算是清单报价最重要、最关键的一步，前面所做的任何一步都是为了计算最后的综合单价。其操作主要是在"清单/计价表"中完成。

在"四川省 2015 建设工程工程量清单定额"中，综合单价=人工费+材料费+机械费+综合费，其中的综合费为一个参考数据。综合单价计算方法有以下几种：

用户不做任何处理时，则认为当前定额或项目直接采用其综合费和综合单价；如果项目或定额做了换算及材料价格等处理，则综合单价为处理后的人工费、材料费、机械费及综合费之和。

1. 直接修改综合费

用户只需直接录入定额或项目的综合费数据。

直接在计价表中的"综合费计算公式"列下拉框中调用公式，包括直接费×费率、人工费×费率、（人工费+机械费）×费率等。其公式内容是在"系统维护"菜单选项"缺省模板一"综合费预设公式中进行设置的，用户也可根据需要添加设置。

调用综合费计算公式前，计价表中综合费值为定额综合费及其调整费用。调用计算公式后，系统设置综合费按公式进行计算。因此，用户需要在"综合费率"列录入其费率值，否则认为其综合费率为零，计算出来的综合费当然也为零。录入费率值后，综合费根据其计算公式和费率计算得到费用值，相应项目综合单价也随之进行费用调整。

综合费计算公式及其费率值可任意进行修改。若取消综合费计算公式，则费率值无效；综合费恢复原来的定额综合费及其调整费用。改变计算公式，则按新公式及费率进行相关费用计算。

2. 调用综合单价计算模板进行综合单价计算

首先在综合单价计算模板定义窗口选择定义好需要的综合单价计算模板，再在"清单/计价表""费用计算模板"列下拉框中进行调用计算。"费用计算模板"列下拉框中列出了用户在费用定义窗口设置好的所有费用计算模板，用户可以从其下拉框中选择当前对象适用的模板，模板列表另外增加了一空白行，选择空白行则取消当前对象的综合单价计算模板；如果列表中不存在用户需要的模板，可以回到综合单价费用模板定义窗口补充定义模板，定义好后回到清单/计价表再选择。

当从列表中选择模板后系统立即计算当前对象综合单价及相关费用，选择的对象可以是定额、项目、节、分部或者整个单位工程工程量清单；当在工程量清单行、分部名称行、段落行或小节行选择模板计算时，系统有该费用计算模板设置应用于"当前分部分项（分部、段落、小节）下所有定额"及"当前分部分项（分部、段落、小节）下所有项目"供用户选择；当在工程量清单项目行选择模板计算时，系统有该费用计算模板设置应用于"当前项目下所有定额"及"当前项目本身"供用户选择；点击"取消"按钮则取消该费用计算模板设置；当在定额行选择模板计算时，则直接利用该模板计算当前定额综合单价等费用。

选用费用计算模板后：

若模板中无综合费计算公式及综合费率字段，则计价表中"综合费计算公式"和"综合费率"列为空，当前对象所有费用根据模板内容进行计算。

若有综合费率，无综合费计算公式字段，则计价表中"综合费计算公式"列显示为空，只显示其综合费率值，此时综合费率值无效，仍按费用计算模板内容进行综合单价等费用计算。

综合单价计算优先选用综合费计算公式及其费率进行计算，因此费用计算模板中，不能只含有综合费计算公式字段，而没有综合费率字段，否则计算所得综合费为零，并非按费用计算模板设置计算。

模板中定义的综合费计算公式及综合费率不能直接在计价表中修改，系统会弹出如图 5-78 所示的对话框，其修改操作只能回到定义模板中完成。

图 5-78

计价表中多个定额、项目对象都需做同样修改时，最好在费用计算定义窗口对整个模板进行修改重新调用。

对单个定额或项目进行修改时，可直接在当前对象的计价表操作器中进行单条对象模板内容修改。

取消费用计算模板计算后，当前对象相应综合费计算公式、综合费率也一并取消。其综合单价计算回到选用模板计算前费用。

以上介绍的是直接在计价表中"费用计算模板"列调用费用计算模板进行综合单价的计算。这是一种常用选择模板计算综合单价的方法，另一种方法是在"计价表操作器"辅助窗口中选择进行计算。其操作方法如下：

点击快捷按钮区的"计价表操作器"按钮，系统将在计价表窗口的下部弹出如图 5-79 所示的"费用计算"窗口。

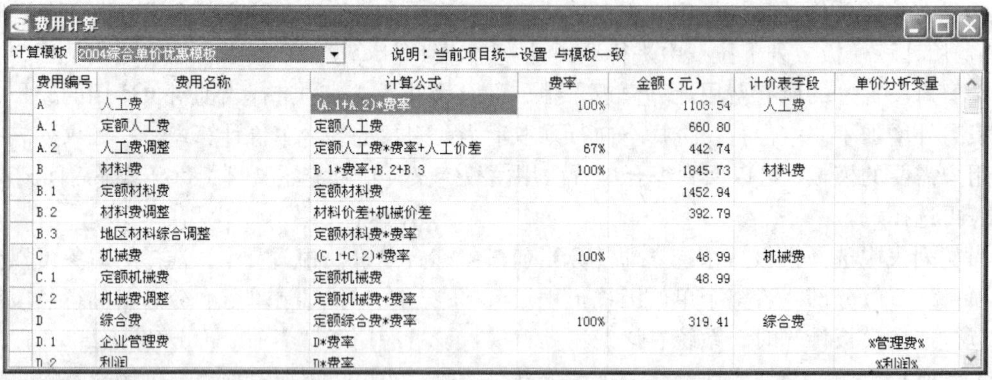

费用编号	费用名称	计算公式	费率	金额（元）	计价表字段	单价分析变量
A	人工费	(A.1+A.2)*费率	100%	1103.54	人工费	
A.1	定额人工费	定额人工费		660.80		
A.2	人工费调整	定额人工费*费率+人工价差	67%	442.74		
B	材料费	B.1*费率+B.2+B.3	100%	1845.73	材料费	
B.1	定额材料费	定额材料费		1452.94		
B.2	材料费调整	材料价差+机械价差		392.79		
B.3	地区材料综合调整	定额材料费*费率				
C	机械费	(C.1+C.2)*费率	100%	48.99	机械费	
C.1	定额机械费	定额机械费		48.99		
C.2	机械费调整	定额机械费*费率				
D	综合费	定额综合费*费率	100%	319.41	综合费	
D.1	企业管理费	D*费率				%管理费%
D.2	利润	D*费率				%利润%

计算模板 **2004综合单价状惠模板** ▼　说明：当前项目统一设置 与模板一致

图 5-79

用户在计价表中选中需要计算的对象（分部、段落、小节、项目或定额），再在"费用计算"窗口左上角的计算模板的下拉框中选择需要的模板。这里的下拉框菜单显示内容、使用方法及利用模板的计算操作均与上面介绍的"费用计算模板"列内容完全一样，请参照执行。

不管采用哪种方式计算，都会在"费用计算"窗口的右半部分显示计算对象的各费用值。因为清单报价主要是对项目的综合单价进行计算和分析，这里的费用值为当前对象各单价费用

值。由于某些项目或定额的特殊性，用户还可以在此对其某些费用或费率进行修改调整。

在计价表操作器右半部分显示计算对象的各费用值，即当前对象综合单价计算明细表。在其区域内任意位置点击鼠标右键，弹出如图 5-80 所示菜单。

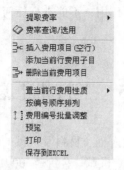

图 5-80

其菜单内容与费用计算模板中菜单内容基本相同。此处增加的功能有：预览、打印及保存到 Excel。用户可得到当前对象的综合单价计算明细表。

定额或项目上计算的措施费用项目也可利用上面介绍方法定义模板计算其综合单价费用。

5.24 综合单价分析

计算出项目的综合单价后，可能会对其综合单价进行分析，用户通过点击快捷按钮区的"单价分析器"在计价表的下面弹出综合单价分析辅助窗口，如图 5-81 所示。

图 5-81

首先点击界面右边"单价分析数据显示"按钮，并选择单价分析模板，将当前数据对象数据按设置单价或合价显示。

此表格的格式及内容是根据用户选择设置的单价分析模板而得，数据内容则为计价表当前对象相应数据值。

由于选用模板计算的对象为定额或项目，因此综合单分析内容则为当前定额或当前项目下

所属定额各费用数据值。由图 5.81 可以看出，表格前面几行显示的是项目包括定额的相应内容，最后再将定额费用值进行汇总，得到当前项目的各费用值。若当前对象为定额时，则只显示当前定额各费用值。

此窗口只对各数据费用进行显示作用，不能进行任何数据修改。修改其格式或内容必须切换为单价分析模板编辑状态。

5.25 工料机汇总表

工料机汇总表是计价表定额构成人工、材料及机械的综合汇总，分为 7 个子界面：全部、人工、计价材料、未计价材料、设备、机械、合价≥500。各子界面具有材料"特殊要求"的录入、价格的调整、材料打印设置、三材分类设置及调价表设置等功能。工料机汇总表操作界面如图 5-82 所示。

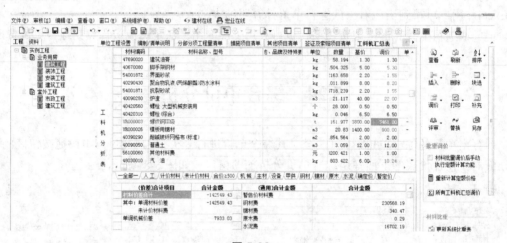

图 5-82

该界面共分为 5 个区域，其具体内容为：左边为工程列表窗口，用户可根据需要进行显隐设置；最右边为当前页的工具栏，包括"工料表编辑""材料价格表"及"材料比重"3 个部分，也可根据需要进行显隐设置；"工料表编辑"包括的内容如图 5-83 所示。

图 5-83

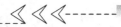

工料机表格信息中常见的几种操作方式如下：

5.25.1　查看当前材料相关定额

执行查看相关定额菜单功能或直接双击当前材料行，即可进入如图 5-84 所示的查看材料相关定额窗口。

序号	定额编号	项目名称	工程量	单位	材料耗量
		砌筑工程			
F定15	AC0003	砖基础 水泥砂浆(细砂) M5	0.581	10m3	3.044
F定16	AC0139	烧结空心砖墙 混合砂浆(细砂) M5	44.55	10m3	25.39
F定17	AC0368换	砖暗沟	8.560	10m	4.794
F定21	AC0067	零星砌砖 水泥砂浆(细砂) M5	0.014	10m3	0.079
F定22	AC0108	砖拖布池 490×620×420 磁砖面	0.700	10套	0.175
F定23	AC0065	零星砌砖 混合砂浆(细砂) M5	0.244	10m3	1.347

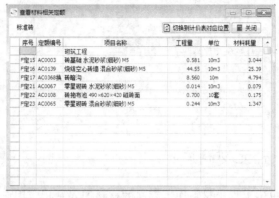

图 5-84

窗口内列出当前材料在计价表定额中的使用情况，在此可以查询该材料所在定额的序号、编号、分部、定额名称、工程量、单位及各定额使用该材料的耗量。

5.25.2　查看配合比使用情况

在工料机汇总表中显示了当前单位工程除配合比材料外所有材料，需要查看所用配合比材料使用情况时，执行环境菜单或工具栏按钮查看配合比使用情况功能。弹出对话框中显示出了使用配合比材料的名称、消耗量、单位、基价及单价项内容。

“查看配合比使用情况”窗口内容可“打印”“预览”“保存至 Excel”，是否打印、预览相应定额内容，根据“全部展开”按钮控制，如图 5-85 所示。

	序号	名称	消耗量	单位	基价	单价
-	1	水泥混合砂浆 细砂 M5	221.94	m3	119.62	179.68
	定2	(AC0065)零星砌砖 混合砂浆(细砂) M5	0.285	m3	119.62	179.68
	定4	(AC0144)烧结空心砖 混合砂浆(细砂) M5	65.863	m3	119.62	179.68
	定5	(AC0138换)烧结多孔砖(竖向孔) 混合砂浆(细砂	155.792	m3	119.62	179.68
-	2	水泥砂浆 细砂 1:2	0.898	m3	227.25	291.33
	定3	(AC0091)GRC烟道 1:2水泥砂浆 细砂	0.898	m3	227.25	291.33
-	3	水泥混合砂浆 细砂 M10	155.792	m3	139.24	197.17
	定5	(AC0138换)烧结多孔砖(竖向孔) 混合砂浆(细砂	155.792	m3	139.24	197.17
-	4	塑性砼(中砂) 卵石最大粒径：40mm C20	38.073	m3	141.76	179.49
	定7	(AD0074)构造柱(中砂) C20	38.073	m3	141.76	179.49
-	5	塑性砼(中砂) 卵石最大粒径：10mm C20	17.438	m3	168.10	204.13
	定14	(AD0342)零星项目(中砂) C20	17.438	m3	168.10	204.13
-	6	水泥浆	0.59	m3	455.10	538.54
	定26	(AG0425换)屋面刚性防水 细石砼刚性层(中砂) 不	0.59	m3	455.10	538.54
-	7	冷底子油 30:70	36.703	kg	2.42	2.42
	定26	(AG0425换)屋面刚性防水 细石砼刚性层(中砂) 不	36.703	kg	2.42	2.42
-	8	水泥珍珠岩 1:12	37.597	m3	128.80	200.73
	定30	(AH0142)保温隔热屋面 现浇水泥珍珠岩	37.597	m3	128.80	200.73
-	9	水泥砂浆 细砂 M5	0.356	m3	103.20	167.48
	定31	(4C0004)砖砌体1砖墙 水泥砂浆(细砂)M5	0.356	m3	103.20	167.48

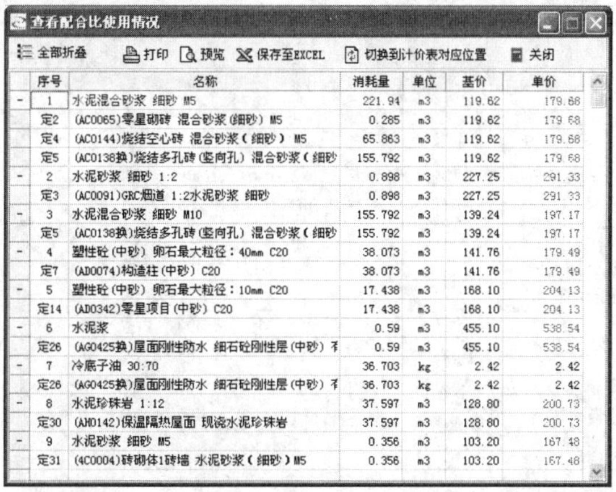

图 5-85

5.25.3 材料表信息查找

查找字段包括材料名称及产地、品牌及特殊要求,查找范围则为当前工料机汇总表所有内容;查找内容、查找方式及其他操作方法等同计价表信息查找相应功能,查找界面如图 5-86 所示。

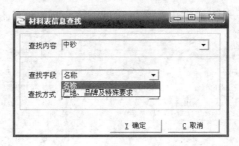

图 5-86

5.25.4 存入用户补充材料库

此功能用于将当前单位工程中材料库不存在的材料加入到相应用户补充材料库,以便以后工程直接选用。

执行此功能,会弹出如图 5-87 所示的"材料库更新"窗口。在窗口左上角可选择需加入材料库对应的定额库(有四川省 2015 清单定额、四川省 2009 定额、四川省 2004 定额),系统缺省为当前工程使用定额库;后边仅显示不存在于该材料库中材料条数;中间区域内显示出了不存在于材料库中的材料明细及是否保存设置(打"√"表示要保存,反之为不保存),此处的材料信息不能进行任何修改,需修改只能在材料库维护中完成;下边为是否保存的选择设置按钮"全选"(打"√"表示全选,反之为全不选)、"存入用户补充材料库"按钮及"关闭"窗口按钮。

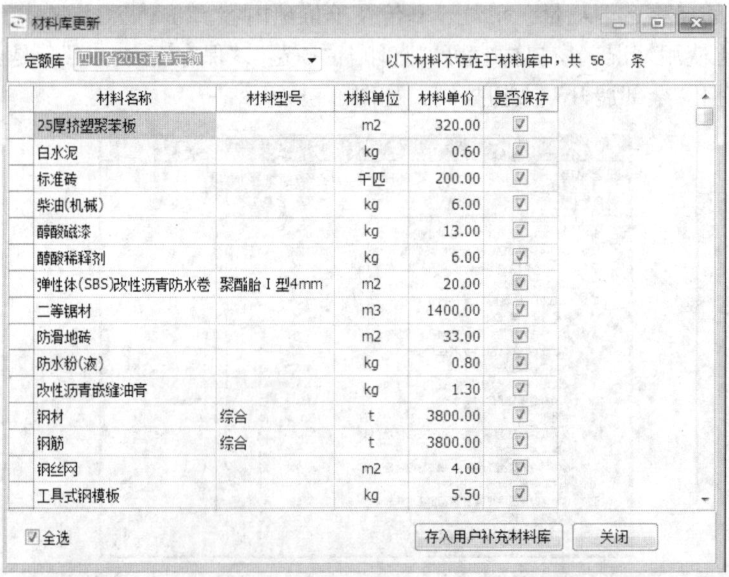

材料名称	材料型号	材料单位	材料单价	是否保存
25厚挤塑聚苯板		m2	320.00	√
白水泥		kg	0.60	√
标准砖		千匹	200.00	√
柴油(机械)		kg	6.00	√
醇酸磁漆		kg	13.00	√
醇酸稀释剂		kg	6.00	√
弹性体(SBS)改性沥青防水卷	聚酯胎Ⅰ型4mm	m2	20.00	√
二等锯材		m3	1400.00	√
防滑地砖		m2	33.00	√
防水粉(液)		kg	0.80	√
改性沥青嵌缝油膏		kg	1.30	√
钢材	综合	t	3800.00	√
钢筋	综合	t	3800.00	√
钢丝网		m2	4.00	√
工具式钢模板		kg	5.50	√

定额库 四川2015清单定额   以下材料不存在于材料库中,共 56 条

☑全选   存入用户补充材料库   关闭

图 5-87

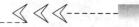

操作步骤如下：

（1）选择对应定额库。

（2）材料是否保存设置。

（3）点击"存入用户补充材料库"按钮，执行后，弹出如图5-88所示对话框，提示用户"向选择定额库的用户补充材料库成功添加材料条数"，需用户进行确认，确定后材料库更新窗口重新显示出未加入到用户补充材料库中剩下材料明细。

（4）关闭材料库更新窗口。

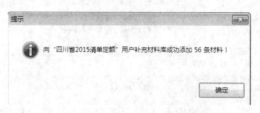

图 5-88

添加到用户补充材料库后，可进一步对材料信息进行维护。操作方法详见材料库维护相应内容。

5.25.5　另存为材料价格表

将工料机汇总表中价格信息保存到原有的某材料价格表中或新存一张单独的价格表。保存到原有价格表时，系统将提示"该文件已经存在，是否需要覆盖？"；新存一张单独的价格表时，需要在如图5-89所示对话框"文件名"框中输入价格表名称，输入的价格表名称不能与数据库中已有的价格表重名。这时新价格表将保存到用户设置位置，以后可直接选用。

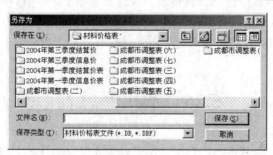

图 5-89

工料机汇总表数据为清单报价"主要材料价格表"报表的数据来源。若采用传统定额计价，则为"单调材料价格表"及"材料汇总表"的数据来源。

5.25.6　材料暂估价

2008版国家规范新增材料暂估价概念。反应到本软件中，即为材料调价的暂估属性。将材料调价设置为暂估价有两种方式，可直接双击调价设置，也可直接双击材料调价单元格。这两种方式可以设置或取消对应材料价格的暂估属性。

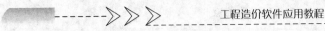

在工料机汇总表中单击鼠标右键或工具栏的“调价”按钮，均有设置或取消材料调价暂估属性的专门功能，如图 5-90 所示。

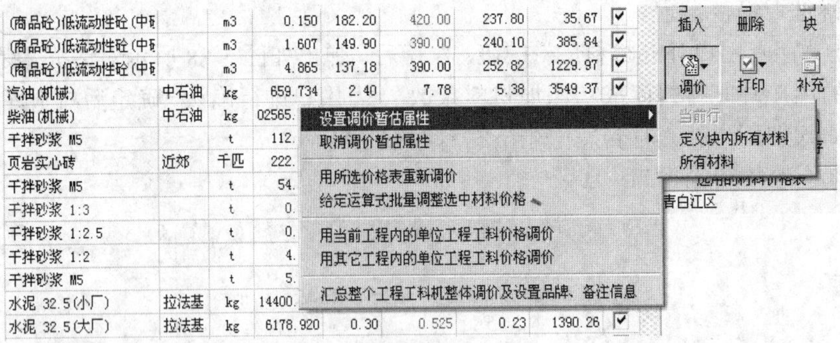

图 5-90

该功能可以批量设置/取消定义块内或工料机汇总表上所有材料调价的暂估属性。

当材料调价设置为暂估价后，该单元格变为粉底粗显，如图 5-91 所示。

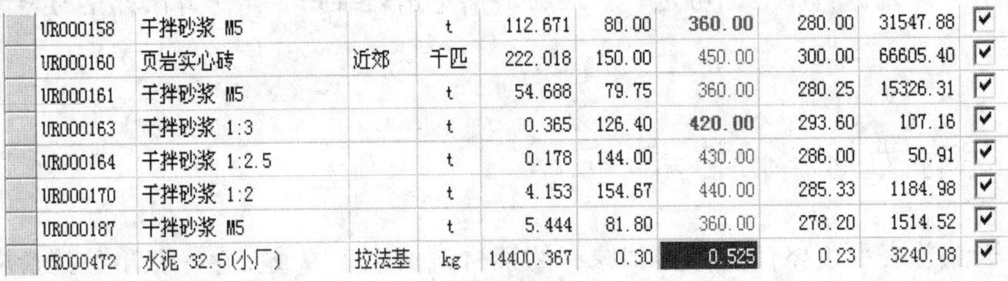

VR000158	干拌砂浆 M5		t	112.671	80.00	**360.00**	280.00	31547.88	☑
VR000160	页岩实心砖	近郊	千匹	222.018	150.00	450.00	300.00	66605.40	☑
VR000161	干拌砂浆 M5		t	54.688	79.75	360.00	280.25	15326.31	☑
VR000163	干拌砂浆 1:3		t	0.365	126.40	**420.00**	293.60	107.16	☑
VR000164	干拌砂浆 1:2.5		t	0.178	144.00	430.00	286.00	50.91	☑
VR000170	干拌砂浆 1:2		t	4.153	154.67	440.00	285.33	1184.98	☑
VR000187	干拌砂浆 M5		t	5.444	81.80	360.00	278.20	1514.52	☑
VR000472	水泥 32.5(小厂)	拉法基	kg	14400.367	0.30	0.525	0.23	3240.08	☑

图 5-91

其中“干拌砂浆 M1”与“干拌砂浆 1：3”的价格为暂估价。

设置某些材料调价为暂估价后，材料调价合计表会增加一个合计项“暂估价材料费”，同时计价表各定额、项目及段落均会生成对应暂估价（包含暂估材料费），该暂估价可以在“工作信息”的“附注”栏查看，也可以在计价表对象信息提示功能中查看。

5.26 费用汇总表

费用汇总表应用于各类费用的汇总及单位工程工程造价的计算。对四川省 2015 建设工程工程量清单，其规费费用计算也在费用汇总表中完成。

费用汇总表中既可调用传统定额费用计算程序，又可调用清单费用计价程序，用户还可对原模板进行一定修改或新建费用计价程序。操作界面如图 5-92（四川省 2000 定额费用计算程序）、图 5-93（四川省 2015 建设工程工程量清单定额）所示。

模板内各费用值来源于当前单位工程计价表及工料机汇总表，再对各数据值通过模板设置计算出单位工程工程造价。

每个费用计算程序数据列为“费用编号”“费用名称”“程序”计算公式”“费率”“金额”与“打印”计算公式”6 个数据项。其中费用编号、费用名称、计算公式、费率的设置方法请参考前面介绍的“综合单价计算模板定义”相关内容。

单位工程设置 | 编制/清单说明 | 计价表 | 工料机汇总表 | **费用汇总表**

费用编号	费用名称	[程序]计算公式	费率	金额	[打印]计算公式
A	定额直接费	定额直接费+派生直接费			A.1+A.2+A.3
A.1	人工费	定额人工费+派生人工费			
A.2	材料费	定额材料费+派生材料费			
A.3	机械费	定额机械费+派生机械费			
B	其它直接费、临设及现场管理费	B.1+B.2+B.3			B.1+B.2+B.3
B.1	其它直接费	A*费率	2.45%		A×规定费率
B.2	临时设施费	A*费率	3.6%		A×规定费率
B.3	现场管理费	A*费率	2.26%		A×规定费率
C	价差调整	C.1+C.2+C.3			C.1+C.2+C.3
C.1	人工费调整	A.1*费率+人工调整价差	141%		A.1×地区规定费率
C.2	材料费调整	C.2.1+C.2.2+C.2.3+C.2.4			C.2.1+C.2.2+C.2.3+C.2.
C.2.1	单调材料价差	材料价差+单调机械价差			按地区规定计算
C.2.2	地区材料综合调整价差	A.2*费率	2.74%		A.2×地区规定调整系数
C.2.3	未计价材料价差(筑炉工程)				按地区规定计算
C.2.4	计价材料价差调整(筑炉工程)				按省造价管理总站规定调
C.3	机械费调整	A.3*费率			按省造价管理总站规定调
D	施工图预算包干费	A*费率	1.5%		A×规定费率
E	企业管理费	A*费率	5.03%		A×规定费率
F	财务费用	A*费率	0.71%		A×取费证核定费率
G	劳动保险费	A*费率	2.5%		A×取费证核定费率
H	利润	A*费率	3%		A×取费证核定费率
I	文明施工增加费	A*费率	1.0%		
J	安全施工增加费	A*费率	2.8%		
K	赶工补偿费	A*费率	2.8%		A×承包合同约定费率
L	按规定允许按实计算的费用				
M	定额管理费	(A+B+C+D+E+F+G+H+I+J+K+L)*费率	1.3‰		(A+……+K)×规定费率
N	税金	N.1+N.2			N.1+N.2
N.1	构件增值税	N.1.1+N.1.2+N.1.3			N.1.1+N.1.2+N.1.3
N.1.1	钢筋砼构件增值税	定额G*费率	9.74%		钢筋砼预制构件制作定额
N.1.2	金属构件增值税	定额J*费率	7.3%		金属构件制作安装定额直
N.1.3	木门窗增值税	定额M*费率	8.28%		木门窗制作定额直接费×
N.2	营业税、建设税及其他附加税	(A+B+C+D+E+F+G+H+I+J+K+L+M)*费率	3.43%		(A+……+L)×规定费率
O	工程造价	A+B+C+D+E+F+G+H+I+J+K+L+M+N			A+……+M

图 5-92

单位工程设置 | 编制/清单说明 | 分部分项工程量清单 | 措施项目清单 | 其他项目清单 | 签证及索赔项目清单 | 工料机汇总表 | **费用汇总表**

费用编号	费用名称	[程序]计算公式	费率	金额	[打印]计算公式
A	1 分部分项工程	分部分项合价		2068268.23	
B	2 措施项目	措施项目合价		115427.61	
B.1	2.1 其中:安全文明施工费	安全文明措施费		113658.60	
C	3 其他项目	其他项目合价			
C.1	3.1 其中:暂列金额	暂列金额			
C.2	3.2 其中:专业工程暂估价	专业工程暂估价			
C.3	3.3 其中:计日工	计日工			
C.4	3.4 其中:总承包服务费	总承包服务费			
D	4 规费	D.1+D.3+D.4		50637.77	
D.1	1 社会保险费	D.1.1+D.1.2+D.1.3+D.1.4+D.1.5		39581.49	
D.1.1	(1) 养老保险费	(分部分项定额人工费+措施项目定额人	11%	24323.82	分部分项定额人工费+措施项目定
D.1.2	(2) 失业保险费	(分部分项定额人工费+措施项目定额人	1.1%	2432.38	分部分项定额人工费+措施项目定
D.1.3	(3) 医疗保险费	(分部分项定额人工费+措施项目定额人	4.5%	9950.66	分部分项定额人工费+措施项目定
D.1.4	(4) 工伤保险费	(分部分项定额人工费+措施项目定额人	1.3%	2874.63	分部分项定额人工费+措施项目定
D.1.5	(5) 生育保险费	(分部分项定额人工费+措施项目定额人			分部分项定额人工费+措施项目定
D.3	2 住房公积金	(分部分项定额人工费+措施项目定额人	5%	11056.28	分部分项定额人工费+措施项目定
D.4	3 工程排污费				按工程所在地环境保护部门收取标
E	5 税金	(A+B+C+D)*费率	3.48%	77754.81	分部分项工程费+措施项目工程费
F	招标控制价/投标报价合计=1+2+3·	A+B+C+D+E		2312088.42	

图 5-93

金额由软件自动计算得出,用户不能直接录入或修改。

"打印"计算公式是关于该项费用计算逻辑关系的文字描述,用户可修改。主要用于费用报表打印该数据项。

在费用汇总表上任意位置点击鼠标右键，弹出环境菜单如图 5-94 所示。其中与"综合单价计算模板定义"相关内容相同的请参考前面内容，下面简单介绍以下几种。

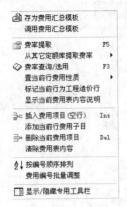

图 5-94

调用费用汇总模板：用户可以调入系统预设的取费模板进行取费计算或进行修改。

标记为最终结果行：费用模板计算产生若干项费用，而费用之间的计算关系只与计算公式有关，与其在费用表上的先后顺序并无必然联系，因此软件并不限定最后一行费用值就是最后的计算结果（尽管预设模板都符合这个规律）。用户可以通过此功能将任何非空费用行设置为最终结果行，该行费用值就是费用模板的最终计算结果。

显示当前费用表内容说明：执行该功能，在此界面的工具栏右下角会显示如图 5-95 所示的小窗口，此窗口内显示了该模板的取费基础以及模板内容说明，用户可修改。

图 5-95

添加费用子目：除前面介绍到的功能外，在此添加"按规定允许按实计取费用项目"同样可利用此功能来完成。在清单计价格式下，费用汇总表一是汇总分部分项工程量清单、措施项目清单及其他项目清单费用；二是规费和税金的费率录入和计算，其他功能与操作方式参照定额计价方式。

规费清单招标人提供整个工程项目规费税金清单，这里主要是规费数据的计算。操作位置仍在费用汇总表中进行，其操作方法与费用汇总表中其他内容一样。它是单位工程规费清单及规费清单计价表的数据来源。报表序号在费用名称列显示，其序号与名称相隔一半角空格。

5.27　三材汇总表

一般也只有定额计价方式下可用，其中各类三材汇总数据都是根据计价表内容及三材分类

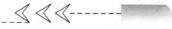
设置而得，不可直接修改。

定额计价格式下三材汇总表缺省显示，打印三材汇总表报表或查看三材数据前点击[三材汇总表]标签中的 🔢 重新统计按钮，将修改后的数据重新进行统计。

5.28 需评审清单设置

需评审分部分项工程量清单在本软件中的标记为"清单编号后+*"。这个编号用户可以直接在编号单元格后的编号后直接录入，也可以用右键菜单功能添加，如图5-96所示。

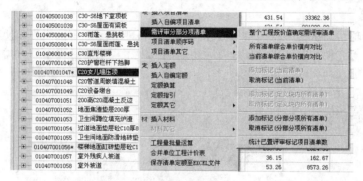

图 5-96

用户可以为当前清单、定义块内清单或所有分部分项工程量清单添加或取消评审标记。制作招标文件时，往往对评审清单的选择会根据所有清单的价值选定，执行图5-96菜单中的"整个工程按价值确定需评审清单"可以帮助用户快速完成该选择工作。操作界面如图5-97所示。

名次	项目编号	项目名称	工程量	单位	综合单价	合价
20	030109001003*	变频供水泵组XMW20-0.8-20	1	台	107767.21	107767.21
2	030804014002*	不锈钢水箱 36m3	1	套	64009.57	64009.57
3	030705007001*	火灾报警控制总机	1	台	44885.65	44885.65
4	030204004010*	低压开关柜2A3DKG	1	台	34389.77	34389.77
5	030204004001*	低压开关柜1A1DKG	1	台	30729.77	30729.77
6	030204004008*	低压开关柜1A1DKG	1	台	30454.77	30454.77
7	030204004017*	自喷泵配电箱AX-ZPXL-21	1	台	30077.77	30077.77
8	030204018024*	地下室应急配电箱ALE-1	1	台	28119.61	28119.61
9	030108003012*	排烟风机41523m3/n	1	台	24491.70	24491.70
10	030804014001*	玻璃钢水箱 18m3	1	套	24025.90	24025.90
11	030204004004*	低压开关柜1A4DKG	1	台	21883.77	21883.77
12	030109001002*	自喷泵XBD9/30-100DN	2	台	21727.21	43454.42
13	030705008001*	多线联动控制盘	1	台	21600.57	21600.57
14	030204004012*	低压开关柜2A5DKG	1	台	20307.77	20307.77
15	030204004003*	低压开关柜1A3DKG	1	台	20192.77	20192.77
16	030204004007*	低压开关柜1A7DKG	1	台	20061.77	20061.77
17	030204004006*	低压开关柜2A6DKG	1	台	19670.77	19670.77
18	030204004016*	消火栓配电箱AX-xhsXL-21	1	台	19598.77	19598.77
19	030204018017*	七层应急配电箱ALE-71 ALE-72	2	台	19120.61	38241.22
20	030204018018*	六层应急配电箱ALE-61 ALE-62	2	台	19120.61	38241.22
21	030204018019	五层应急配电箱ALE-51 ALE-52	2	台	19120.61	38241.22
22	030204018020	四层应急配电箱ALE-41 ALE-42	2	台	19120.61	38241.22
23	030204018021	三层应急配电箱ALE-31 ALE-32	2	台	19120.61	38241.22
24	030204018022	二层应急配电箱ALE-21 ALE-22	2	台	19120.61	38241.22
25	030204018023	一层应急配电箱ALE-11 ALE-12	2	台	19120.61	38241.22
26	030204004006	低压开关柜1A6DKG	1	台	18760.77	18760.77
27	030204018012	消防控制室配电箱	1	台	18271.61	18271.61
28	030204004011	低压开关柜1A5DKG	1	台	18011.77	18011.77
29	030204004011	低压开关柜2A4DKG	1	台	16625.77	16625.77
30	030204004002	低压开关柜1A2DKG	1	台	16622.77	16622.77
31	030204004014	低压开关柜2A7DKG	1	台	16445.77	16445.77
32	030109001001	消火泵XBD8/20-100DN	2	台	16297.21	32594.42
33	030204004009	低压开关柜2A2DKG	1	台	15722.77	15722.77

按价值大小排序
○ 合价
○ 工程量
● 综合单价
为前 20 项清单
置需评审标识
取消全部评审标识
为当前行置评审标识
取消当前行评审标识
🖨 打印
📄 预览
💾 保存至EXCEL
清单总项数 703
需评审清单项数 20
确 定
取 消

图 5-97

选择时，首先根据需要确定排序方式，设定需要选择的清单条数，点击置需评审标识，就可以为指定条数的前 N 项清单添加标识。需要注意的是，为前 N 项清单置标识并不会取消 N 项以外其他清单已添加的标识，因此用户需要根据情况执行取消当前清单或所有清单评审标识的功能。

这里列出的清单是工程项目下所有单位工程分部分项清单的汇总，确定返回后，评审标记的添加与取消情况将分别反馈到各单位工程中。

5.29　清单综合单价横向对比

同一个清单项目在工程中往往会多处使用，尤其可能在多个单位工程中使用。作为评审项目时，如果招标方要求相同项目必须综合单价相同，则工程编制过程中用户需核对这些项目的综合单价。本功能用于协助用户完成核对工作。

在右键菜单中，"所有清单综合单价横向对比"与"当前清单综合单价横向对比"分别用于所有项或单项的综合单价对比功能。图 5-98 所示为所有清单对比结果。

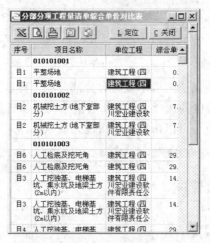

图 5-98

对比结果窗口中，前 9 位国标编码相同的清单作为一个对比单元，其下列出了该单元在各自所在的单位工程名称、序号、项目名称及综合单价。用户根据项目名称及综合单价判断相关清单是否需要调整组价，如果需要，点击定位按钮可直接定位到相应单位工程的相应行上，进行组价调整操作。

用户可以在该操作窗口预览、打印对比结果或将其保存到 Excel 中。

5.30　工程结算

工程结算时，用户通常没有当初的投标电子工程文件（仅限用该软件制作的工程文件），只有纸质的投标文件，纸质的投标文件往往不能提供当初完整的组价信息。本软件提供了一些

专门功能用于完成结算工作。

清单结算的一个重要原则是"综合单价不变"，而且结算通常不需要详细的组价内容，因此如图 5-99 所示的界面，提供了"单价锁定"与"去除组价内容"两项功能。

图 5-99

在原有投标电子文档的基础上结算时，可以首先去除清单组价内容，然后修改工程量，也可以直接锁定清单单价再修改工程量，这两项操作都会保持清单综合单价不变。

在没有投标电子文档时，需要用户根据投标纸质文档直接录入清单综合单价等信息。正常情况下，直接录入单价时的计算规则是：综合单价=人工费+材料费+机械费+综合费，但纸质文档一般只提供综合单价及定额人工费合价信息，所以这里必须做一些特殊处理，即录入单价前，应首先锁定单价。锁定单价后，再录入数据时，综合单价保持录入的数据不变，其他费用录入后，综合单价与人工费、材料费、机械费、综合费之间的差价自动进入"结算价录入闭合调整字段"中，作为闭合字段的费用不能直接录入。

通过菜单可以锁定单价，也可以在录入综合单价时直接在价格前带"="号，确认后该清单单价将自行锁定。用户可直接录入单价，也可录入合价，由系统自动计算相应单价。比如根据四川省标准的清单计价表提供的数据，用户可以直接录入综合单价，但不能直接录入定额人工费单价（该数据牵涉结算时规费的计算，所以必须录入），这时不需要用户先计算定额人工费单价再录入，只需直接录入定额人工费合价，由系统计算定额人工费单价。

5.31　报表输出

此软件系统以国家规范要求的工程量清单及四川省工程量清单报表格式为主，又按川建价发〔2002〕31 号文：《关于印发〈工程量清单计价表〉和〈工程量清单项目综合单价组成公式及示例〉的通知》新加一套报表。考虑到四川省工程造价政策法规以及实际工程应用的需要，又设置有四川省定额计价格式报表组及其他报表组。用户也可根据需要设置其他需要报表组。

为适应报表的多样化，用户可修改已有报表，也可进行全新的报表设计。所有的报表都具备预览、打印及保存到 Excel 等功能。根据用户不同需要，共有两种不同处理方式。

（1）直接在当前界面点击快捷按钮区 🔍 ▾ 🖨 ▾ 📄 ▾ 的按钮。由于同一界面对不同工程可能需要不同的报表，因此需要用户设置当前页缺省报表，否则显示为"预览缺省报表：无"。

若预览缺省报表没有时，可直接选择按钮菜单所列报表进行预览、打印或保存到 Excel。

同一界面内不同对象可设置不同缺省报表。如[清单/计价表]中，对分部分项工程量清单、措施项目清单一、措施项目清单二及其他项目清单均可进行分别设置缺省预览、打印、保存到

Excel 报表。

缺省预览、打印、保存到 Excel 报表的设置：点击按钮后的倒三角形按钮，执行设置当前页缺省报表菜单功能，弹出如图 5-100 所示对话框。选择需要报表打开即可。对预览、打印及保存到 Excel 进行设置，其余两种自动生成相同报表。此时按钮显示如预览缺省报表：D1 分部分项工程量清单计价表。

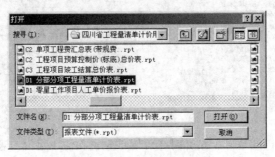

图 5-100

这种方式设置显得更直观、方便，但需要设置的报表一定在报表文件中存在，并且一次只能预览、打印一个报表。也可通过同样的方法取消当前页缺省报表或重新设置新的缺省报表。

（2）进入"报表中心"进行报表的预览、打印、保存到 Excel 及其他相关操作。

5.31.1 报表中心界面

用户可点击主菜单" 报表[R] "按钮或快捷按钮区内报表输出" 画 "按钮快速进入"报表中心"窗口；也可先进入工程项目子窗口，点击进入到报表中心页面，其界面如图 5-101 所示。

图 5-101

界面分 4 个区域：

工程列表窗口区用于工程界面的切换，报表打印时一般可不用；打印工程选择区选择需要

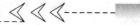

打印的单项工程或单位工程，可多项选择。

打印报表选择区选择需要预览、打印、保存到 Excel 的报表及其他环境菜单功能，如图 5-102 所示。

图 5-102

打印报表选择区内不同报表组中的报表又分三类：单位工程报表、单项工程报表及工程项目汇总表。用户在"√"选单位工程时，可预览工程项目汇总表及相应单位工程报表，不能预览单项工程报表；"√"选单项工程时，可预览工程项目汇总报表及相应单项工程报表，不能预览单位工程报表。

工具栏窗口可根据需要设置显隐状态，包括报表组选择及功能按钮，功能按钮等同于打印报表选择区的环境菜单功能。

5.31.2 报表组设置、修改

系统预置有：2013 新工程量清单计价用表、2013 新工程量清单招标用表、国家规范工程量清单招标用表、国家规范工程量清单计价用表、四川省工程量清单招标用表、四川省工程量清单计价用表、评审清单报表组、定额计价格式报表及其他报表组一、其他报表组二。用户也可创建新报表组、删除当前报表组等操作。操作方法如下：

点击工具栏"报表组设置"按钮或环境菜单报表组设置菜单功能，弹出如图 5-103 所示对话框。

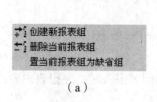

（a）

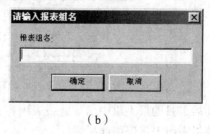

（b）

图 5-103

创建新报表组：执行此功能，系统弹出如图 5-103（b）所示的对话框，用户只需在空白框内录入新报表组名称。

删除当前报表组：执行此功能后，系统弹出如图 5-104 所示的对话框，需要用户确认是否真的要删除该报表组及其下面的报表文件。

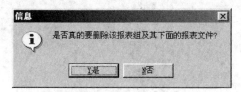

图 5-104

置当前报表组为缺省组：设置有缺省报表组后，进入工程报表中心窗口时，界面显示为缺省报表组及其明细报表。

报表组内报表可修改、删除，也可在报表组间进行复制和移动等操作。

报表重命名：执行环境菜单重命名功能，弹出如图 5-105 所示对话框，修改其名称即可。

图 5-105

修改当前报表：点击工具栏按钮或执行环境菜单修改当前报表功能，系统进入报表设计器界面，其具体操作见"报表的修改与设计"内容。

复制当前报表到：点击工具栏"复制当前报表至"按钮或执行环境菜单复制当前报表至功能，在弹出菜单中选择到需要将当前报表复制到的报表组名称，系统弹出复制成功提示对话框，如图 5-106 所示。

图 5-106

如果选择的报表组中已有同名报表，则需要用户确认是否覆盖，如图 5-107 所示。

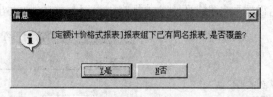

图 5-107

复制成功后，目的报表组中增加此报表内容；复制同名报表时，原报表内容被新报表内容所覆盖，当前报表组中仍保留此报表。

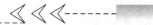

移动当前报表到：将一个报表组中报表移动到另一报表组中。选择到目的报表组后，弹出如图 5-108 所示的信息提示对话框给用户进行确定。

图 5-108

如果目的报表中已有与此同名报表，弹出如图 5-109 所示的对话框，提示用户"该移动操作将覆盖原报表，确定移动吗？"

图 5-109

确定移动后，此报表自动从当前报表组中删除，目的报表组中增加此报表内容。

删除当前报表：删除报表组中当前报表。删除以后不能恢复，需要用户确认是否删除当前报表文件。

报表导入导出：当用户自编报表或开发商提供的报表格式文件需要转移时，可使用该功能进行文件导入导出，以避免用户直接查找并操作磁盘文件。

5.31.3　报表预览/打印功能

选择报表可采用菜单功能全选、全不选进行报表选择，也可直接"√"选需要报表。

对所选报表进行预览有两种方式：一是直接双击当前报表名称，只能预览当前报表；另一种方式是选中报表执行预览当前报表功能，若选中多张报表直接执行预览功能。

进入报表预览窗口，用户可以观察报表打印效果，也可对报表作打印调整。

对所选报表进行打印有两种方式：一是直接执行打印当前报表或打印功能；二是在报表预览窗口进行打印。

在报表预览窗口点击"打印"按钮，直接将报表输出到打印机上，系统显示打印内容和生成进度。如果在预览窗口进行打印，正式打印之前，系统将弹出如图 5-110 所示的对话框，以便用户做进一步打印控制。

图 5-110

在此对话框中，用户可以选择打印机类型、设置打印机属性，还可以控制当前打印的起始页以及打印份数等。有时用户在打印一份较长报表时，如果中间出了问题，需要接着打印，用户就可在图 5-110 中设置以只选择这一个打印单元进行打印。

点击"保存到 Excel"按钮可将选中报表保存到 Excel 文档中。由于保存速度及机器资源的限制，建议用户一次只保存一张表格。

在报表上点击鼠标右键弹出的环境菜单上有"修改报表"功能，它可以直接调出报表设计器，让用户修改当前报表。

5.31.4 预览窗口中的打印调整功能

图 5-111 所示为一个完整的报表预览窗口。进入窗口时，窗口底部显示当前预览内容生成进度，生成完后显示总页数和当前页编号，不作调整时窗口内缺省显示第一页报表内容。

分部分项工程量清单与计价表

工程名称：攀枝花市司法局业务用房建设项目【建筑工程】　　　　　　标段：　　　　　　　　第1页 共11页

序号	项目编码	项目名称	项目特征描述	计量单位	工程量	金额（元）		
						综合单价	合价	其中 暂估价
		分部分项工程量清单						
		0101 土石方工程						
1	010101001001	平整场地	1. 土壤类别：综合 2. 挖填深度：±0.3m内挖填找平 3. 弃、取土运距：投标人自行考虑	m²	344.860	1.34	462.11	
2	010101004002	挖基坑土（石）方	1. 土石类别：土石方综合 2. 挖沟槽、基坑深度：综合 3. 开挖方式：投标人自行考虑 4. 弃土运距及费用：投标人自行考虑，结算时不做调整。	m³	786.820	25.03	19694.10	
3	010103001003	回填土（石）方（包括房心回填）	1. 土质要求：一般土壤 2. 密实度要求：按规范要求，分层夯填 3. 取土方运距及费用：投标人自行考虑	m³	322.190	7.88	2538.86	
		分部小计					22695.07	
		0103 桩基工程						
4	010302004004	挖孔桩土方	1. 地层情况：详见设计图 2. 挖孔深度：详见设计图 3. 弃土（石）运距：投标人自行考虑 4. 开挖时发生的排水费用由投标人自行考虑	m³	254.770	88.96	22664.34	

图 5-111

窗口顶部是一排工具栏：第一个下拉列表框用于设置页面内容显示大小，百分比越大局部显示越清晰，百分比越小观察范围越大，也就越能从整体上把握打印效果；紧接着的 4 个按钮分别用于将当前显示内容切换到第一页、上一页、下一页及最后一页；后面的"允许修改""单元格属性""字体""页面属性"都是调整预览报表的直接功能按钮。

对预览报表做任何修改，首选必须激活"允许修改"按钮。通过快捷按钮及环境菜单可以对报表的页面设置、字体、列宽、行高及单元格属性做任意的调整。执行单元格属性时，先选中需修改的单元格，否则快捷按钮及环境菜单中"单元格属性"灰显。任意位置点击鼠标右键弹出三个环境菜单：单元格属性、报表字体及页面属性，这三个菜单功能等同窗口顶部的相应快捷按钮功能。

单元格属性执行此功能后将弹出如图 5-112 所示的"单元格属性"对话框，在此窗口内可调整当前单元格的字体属性、水平与垂直对齐方式；切换为编框与底纹界面后，可进行框线宽、底纹颜色及框线可见等设置；两个界面的左下角都有一个"修改适用于整个报表的相同单元格"设置选项，用户可利用此功能批量修改报表单元格属性。

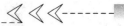

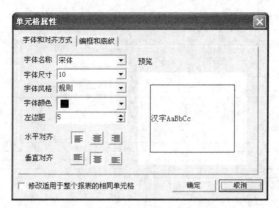

图 5-112

报表字体修改报表页眉、标题、正文、页脚的字体及字号，如图 5-113 所示。

图 5-113

在页面属性中，用户可以更改纸张大小、页边距以及打印方向，如图 5-114 所示。

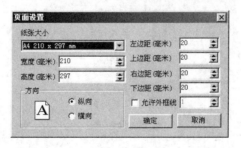

图 5-114

无论是更改了单元格属性、字体属性，还是页面设置，对报表作以上任何更改设置并确定返回后，页面打印内容都将重新生成并刷新显示。更改后的报表用户可将其保存为缺省报表格式文件，避免以后做重复修改。如果所做修改只想应用于本次打印，则应该只打印不保存。

打印按钮用于将报表输出到打印机上。关闭按钮用于关闭打印预览窗口。

5.31.5 报表的修改与设计

在报表中心界面，执行报表环境菜单中修改当前报表或点击 **报表设计器** 按钮均可进入到计价专家报表设计器窗口中。执行修改报表进入报表设计器时，显示的是当前报表内容。修改报表内容方法与新建报表操作步骤与方法相同，下面主要介绍新建报表操作方法。

计价专家报表设计器的界面如图 5-115 所示。

图 5-115

5.31.6 报表的选择与导出

当报表设置完成后，选中需要打印或导出的表格，在表格右边选择不同的方式导出，如图 5-116 所示。

图 5-116

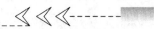

参考文献

[1] 中华人民共和国建设部. GB 50500—2013 建设工程工程量清单计价规范.北京：中国计划出版社，2013.

[2] 四川省建设工程造价管理总站. 四川省建设工程工程量清单计价定额（2015）. 北京：中国计划出版社，2015.

[3] 中国建筑标准设计研究院. 国家建筑标准设计图集 11G101. 北京：中国计划出版社，2011.

[4] 张晓丽，谢根生. 工程造价软件及应用. 成都：西南交通大学出版社，2013.

[5] 李华东，张义. 工程造价实用软件教程. 成都：西南交通大学出版社，2014.

[6] 陈文建，李华东，李宇. 工程造价软件应用. 北京：北京理工大学出版社，2014.